BEURTEILUNG VON ANALYSENVERFAHREN UND -ERGEBNISSEN

BEURTEILUNG VON ANALYSENVERFAHREN UND -ERGEBNISSEN

VON

DR. KLAUS DOERFFEL

ZWEITE AUFLAGE

MIT 25 TEXTABBILDUNGEN

SPRINGER-VERLAG BERLIN HEIDELBERG GMBH
1965

Erschienen in der Zeitschrift für analytische Chemie, Bd. 185, S. 1—98 (1962)
Springer-Verlag, Berlin · Göttingen · Heidelberg
J. F. Bergmann, München

Library of Congress Catalog Card Number 64–8935

ISBN 978-3-540-03270-0   ISBN 978-3-642-85753-9 (eBook)
DOI 10.1007/978-3-642-85753-9

Druck: Wiesbadener Graphische Betriebe GmbH, Wiesbaden

Titel Nr. 0158

Inhaltsverzeichnis

Einleitung

Die analytische Chemie ist eine Kunst, sie zu beherrschen erfordert theoretische Kenntnisse, handwerkliches Können und persönliche Erfahrung. Ohne umfassende theoretische Kenntnisse geht der Überblick über die mannigfachen Möglichkeiten und über die Grenzen dieses Gebietes verloren, ohne sauberes handwerkliches Können läßt sich keine noch so einfache Analyse einwandfrei durchführen, ohne langjährige persönliche Erfahrung ist keine Beurteilung eines analytischen Problems und keine Bewertung von Analysenergebnissen möglich.

Es zeigt sich indessen, daß die noch so langjährige persönliche Erfahrung keine allgemein gültigen Bewertungsgrundlagen zu liefern vermag, da dieses Wissen notwendigerweise vom subjektiven Urteil des Beobachters oder des Interpreten beeinflußt ist. Mit dieser beschränkten Aussagemöglichkeit kann sich die analytische Chemie jedoch nicht abfinden. Ihr Ziel — das Ziel einer jeden Wissenschaft — ist es, allgemein gültige Aussagen zu liefern. Hierfür bedient man sich wie auch in anderen Wissensgebieten der Methoden der mathematischen Statistik und der Fehlerrechnung. Diese Methoden ermöglichen eine objektive, vom persönlichen Vorurteil freie Bewertung von Meßergebnissen. Sie holen aus dem verfügbaren Zahlenmaterial das Höchstmaß an Aussage heraus und sichern deshalb vor einer Über- oder Unterbewertung der Resultate. Darüber hinaus zeigen sie, wie man einen Versuch anlegen muß, um dieses Höchstmaß an Erkenntnis zu gewinnen.

Der Einsatz dieser Methoden setzt keine besonderen mathematischen Fertigkeiten voraus. Dank der intensiven, in der Mathematik geleisteten Vorarbeit liegen die notwendigen Rechenregeln als Handwerkszeug fertig vor. Ihre richtige Anwendung erfordert Vertrautheit mit dem analytischen Problem — also persönliche Erfahrung gepaart mit theoretischem Wissen — und Einfühlungsvermögen in die Gedankengänge der Mathematik. Dem Analytiker eine solche Einführung in die Denkweise der Statistik zu geben, ist das Ziel dieser Arbeit. Wegen ihres von vornherein beschränkten Umfanges mußte aus dem sich überreich bietenden Stoff eine gewisse Auswahl getroffen werden. Besonderer Wert wurde auf möglichst viele Beispiele aus dem Gebiet der analytischen Chemie gelegt, um Verständnis und Anwendung des teilweise etwas abstrakten Stoffes zu erleichtern. Ich hoffe, mit der Stoffauswahl und der Darstellungsweise dem Bedürfnis des Analytikers nahe zu kommen.

Viele meiner Kenntnisse auf diesem Gebiet verdanke ich anregenden Diskussionen mit Fachkollegen, Studenten und technischen Hilfskräften. Sie alle sind mittelbar am Entstehen dieser Arbeit beteiligt. Besonderen Dank schulde ich Herrn Prof. Dr. GEYER (Halle) für die Förderung dieser Arbeit und für zahlreiche

Ratschläge beim Abfassen des Manuskriptes sowie Frau Prof. Dr. Weber (Berlin) für viele wertvolle Hinweise. Zu danken habe ich ebenfalls Herrn Dr. Erfurth (Merseburg) und Herrn Dr. Herfurth (Leipzig) für die Durchsicht einzelner Kapitel und Frau Wagner für das Nachrechnen der Beispiele. Nicht zuletzt schulde ich Dank dem Springer-Verlag, der es ermöglichte, die Arbeit in der vorliegenden Form erscheinen zu lassen.

1. Der Begriff des Fehlers

Alle Analysenergebnisse entstehen aus irgendwelchen fehlerbehafteten Messungen, sie tragen deshalb ebenfalls einen Fehler. Aufgabe des Analytikers ist es, aus den erhaltenen Resultaten diesen Fehler abzuschätzen und daraus Rückschlüsse auf die Tragfähigkeit der Werte zu ziehen oder Folgerungen über das Verfahren abzuleiten. Bei allen derartigen Betrachtungen hat man zu unterscheiden

1. Innerhalb welcher Grenzen ist der betrachtete Wert reproduzierbar, d. h., wie groß ist der aufgetretene *Zufallsfehler*?

2. Stimmen die Ergebnisse mit den tatsächlichen Gehalten, den sogenannten „wahren Werten" überein, d. h., haben sich bei der Analyse keine *systematischen Fehler* bemerkbar gemacht?

Man hat also die *Reproduzierbarkeit*[1] (Zufallsfehler) und die *Richtigkeit*[2] (systematische Fehler) der Analysenwerte getrennt zu diskutieren. In der Literatur werden diese beiden Begriffe oft nicht namentlich genannt, jedoch implizite benutzt. Der Klarheit wegen sollen im folgenden Zufallsfehler und systematischer Fehler stets durch diese beiden Begriffe charakterisiert werden. Der zuweilen benutzte Ausdruck „Genauigkeit" wird in dieser Arbeit als Begriffsdefinition vermieden, da er in der Literatur nicht immer eindeutig gebraucht wird. Außerdem dürfte er den Sachverhalt weniger treffend angeben. Es ist verständlicher, von einem *richtigen* Ergebnis zu sprechen als von einem *genauen* Ergebnis.

Die Zufallsfehler sind bei allen Messungen, also auch bei Analysen jeder Art, unvermeidlich. In der analytischen Chemie verdanken sie ihre Entstehung meist den Unregelmäßigkeiten im Ablauf der betreffenden Reaktion. Auch Fehler beim Messen (z. B. Wägung) können sich in gleicher Weise auswirken. Die Zufallsfehler geben sich dadurch zu erkennen, daß die Analysenresultate trotz scheinbar gleicher Versuchsbedingungen um kleine, völlig regellose Beträge differieren. Der meist unbekannte wahre Gehalt der Probe liegt *innerhalb* dieses Schwankungsbereiches.

---

[1] engl. precision.
[2] engl. accuracy.

Systematische Fehler beeinflussen alle Messungen stets im gleichen Sinne. Dabei liegt der wahre Wert *außerhalb* des Schwankungsbereiches. Sind alle Meßwerte um den gleichen additiven Betrag verfälscht (z. B. nicht erkannter Blindwert), so spricht man von einem *konstanten Fehler*. Abweichungen, die sich mit der Meßwertgröße ändern, bezeichnet man als *veränderliche Fehler*. Bei Proportionalität zwischen Meßwert und Fehler spricht man von einem *linear veränderlichen Fehler*. (Ein Beispiel hierfür ist die falsche Titerstellung der Maßflüssigkeit in der volumetrischen Analyse.) Veränderliche Fehler höherer Ordnung spielen in der analytischen Chemie keine Rolle. Konstanter und veränderlicher Fehler können natürlich auch gemeinsam auftreten.

[1.01] Bei der Eisentitration nach REINHARD u. ZIMMERMANN wurden drei Proben mit 100,0 mg Fe_2O_3 und drei Proben mit 200,0 mg Fe_2O_3 titriert. Folgende Werte wurden erhalten (in Milligramm Fe_2O_3):

Gegeben	Gefunden			Differenz größter — — kleinster Wert
100,0	101,0	101,8	101,9	0,9
200,0	202,3	203,0	202,5	0,7

Wie die Differenz zwischen größtem und kleinstem Wert zeigt, sind die Resultate recht gut reproduzierbar. Trotzdem sind sie nicht richtig, da der vorgegebene (wahre) Wert einseitig außerhalb des Schwankungsbereiches liegt. Diese Abweichung wurde später als Folge einer falschen Titerstellung erkannt, es handelt sich hier also um einen linear veränderlichen Fehler.

Systematische Fehler können auf die verschiedenste Art und Weise entstehen. Zum Beispiel liefern an sich brauchbare Verfahren in Gegenwart bestimmter Elemente verfälschte Resultate. Auch wirken sich persönliche Eigenarten des Analytikers oder laboratoriumsgebundene Einflüsse in dieser Art aus. Vielfach sind systematische Fehler scheinbar völlig regellosen zeitlichen Schwankungen unterworfen.

[1.02] Die Sulfatbestimmung durch Auswägen als Bariumsulfat ist bekannt für ihre Anfälligkeit gegenüber Störionen. Beispielsweise findet man beim Fällen aus calciumhaltigen Lösungen stets zu geringe Gehalte, da ein Teil des Sulfates als Calciumsulfat okkludiert wird.

[1.03] Bei manchen Mikrowaagen älterer Bauart ist es erforderlich, die letzte Dezimalstelle der Messung zu schätzen. Die Auswertung eines umfangreichen Zahlenmaterials zeigte, daß dabei von den einzelnen Beobachtern verschiedene Ziffern bevorzugt werden. Allein hierdurch kann bei der organischen Mikroanalyse das Ergebnis um $\pm$ 0,27$^0/_0$ verfälscht werden (GYSEL).

[1.04] In einem Laboratorium ergab die gravimetrische Aluminiumbestimmung zeitlich scheinbar völlig regellos auftretende Plusfehler. Als Ursache hierfür konnte schließlich die Unterspannung des elektrischen Netzes zu gewissen Tageszeiten aufgefunden werden. Dadurch wurden die Niederschläge nicht genügend hoch geglüht.

Wenn man einen systematischen Fehler nachgewiesen hat, sollten stets Untersuchungen über seine Ursache folgen. Es ist in jedem Falle besser, die Fehlerursache zu eliminieren, als die Ergebnisse durch empirische Korrekturfaktoren nachträglich zu berichtigen. Einmal sind diese Korrekturen meist als statistische Größen anzusehen, sie sagen daher nur wenig über den Einzelfall aus, zum anderen wird durch die „Berichtigung" stets die Reproduzierbarkeit verschlechtert.

Der Zufallsfehler — d. h. die Reproduzierbarkeit der Werte — muß bekannt sein, wenn man die erhaltenen Ergebnisse nur vergleichsweise beurteilen will, wenn man also Relativbestimmungen durchführt. Man muß dann wissen, mit welchem Fehler die einzelnen Resultate behaftet sind, wann man also zwei Werte als verschieden ansehen darf und wann nicht. Weniger wichtig ist bei solchen Relativmessungen die Kenntnis eines eventuellen systematischen Fehlers. Es genügt vielfach, wenn man weiß, daß sich der systematische Fehler im Laufe der Untersuchungen nicht verändert hat und daß die erhaltenen Werte vergleichbar sind. Anders verhält es sich bei Absolutbestimmungen (z. B. Metallgehalt eines gehandelten Erzes). Hier muß man Zufallsfehler *und* systematische Fehler — also Reproduzierbarkeit *und* Richtigkeit — des benutzten Verfahrens kennen, um sichere Aussagen zu erhalten. Völlig verfehlt ist es, wenn man von der gleichen Probe auf gleichem Wege Parallelbestimmungen ausführt und aus der guten Übereinstimmung der einzelnen Resultate auf ein „richtiges", also von systematischen Fehlern freies Ergebnis schließt. Analysenergebnisse sind nur dann als richtig anzusehen, wenn mindestens zwei möglichst verschiedene Methoden den gleichen Wert ergeben. Die „konventionellen" Analysenmethoden liefern oftmals keine in diesem Sinne richtigen Resultate. Unter Umständen kann ein Verfahren mit einem kleinen systematischen Fehler und gut reproduzierbaren Werten vorteilhafter sein als eine „richtig" arbeitende Methode mit sehr großem Zufallsfehler. Trotz der systematischen Abweichung kann man im ersten Falle dem wahren Wert näher kommen als im zweiten.

Die auftretenden Fehler können verschiedenartig angegeben werden. Für den unbekannten wahren Wert x liefert das benutzte Analysenverfahren einen fehlerbehafteten Näherungswert x'. Die Differenz zwischen diesen beiden Größen

$$x - x' = dx$$

bezeichnet man als den *absoluten Fehler dx*. Man erhält daraus den *relativen Fehler* δx, indem man den Quotienten dx/x bildet. Da jedoch x unbekannt bleibt, bezieht man den Absolutfehler nicht auf den wahren, sondern auf den gefundenen fehlerbehafteten Wert x'. Es ist also

$$\delta x = \frac{dx}{x'} \, .$$

Das darf man tun, sofern $x \approx x'$ und $dx \ll x$ bzw. x' sind. Häufig benutzt man auch den *prozentualen Fehler* δx_p. Dieser ergibt sich aus

$$\delta x_p = 100 \, \delta x = \frac{100 \, dx}{x'} \, .$$

Zur Fehlerdiskussion wird man stets derjenigen Fehlerangabe den Vorzug geben, bei der sich die Rechnung am einfachsten und übersichtlichsten gestaltet. Vielfach ist die Fehlerangabe bereits durch das verwandte Meßverfahren festgelegt. In der analytischen Chemie wird man sich häufig des Absolutfehlers bedienen, weil dieser in vielen Fällen über einen größeren Konzentrationsbereich konstant oder nahezu konstant bleibt (siehe Abb. 1). Sind die Meßwerte sehr unterschiedlich (um mehrere Zehnerpotenzen), so kann man oft mit Vorteil den relativen Fehler benutzen.

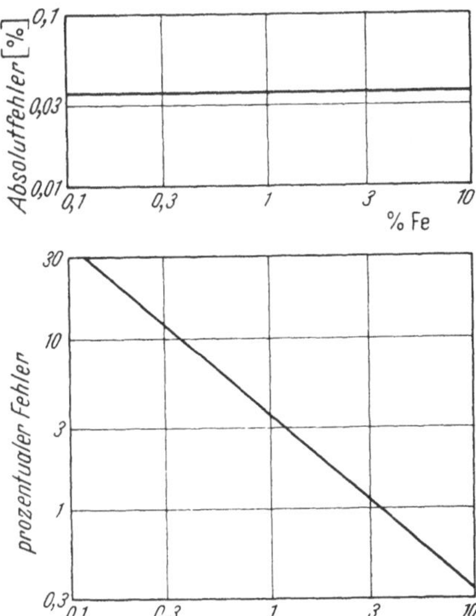

Abb. 1. Absolutfehler und prozentualer Fehler bei der Eisenbestimmung (nach Tab. 8.2)

Literatur: EBERT; FRESENIUS; JAKOWLEW; LINNIG, MANDEL u. PETERSON.

2. Meßverfahren und Meßfehler

Um den Fehler eines Analysenverfahrens möglichst klein zu halten, muß man die durch das Verfahren gegebenen optimalen Meßbedingungen aufsuchen. Angaben hierüber liefert die Fehlerdiskussion der Formel, welche die einzelnen Meßgrößen (z. B. Ein- und Auswaage) miteinander verknüpft. Die auftretenden Meßfehler (z. B. Wägefehler, Tropfenfehler usw.) sind meist aus der Erfahrung bekannt, ihre exakte Größe spielt bei dieser Fehlerdiskussion oft keine so entscheidende Rolle. Die Fehlerdiskussion wird besonders einfach, wenn man mit dem Relativfehler arbeitet. Außerdem gestattet der Relativfehler, die Zusammenhänge zwischen Meßwertgröße und Meßfehler klarer zu erkennen als der Absolutfehler. Für die in der analytischen Chemie gebräuchlichen Verfahren soll im folgenden eine solche Fehlerdiskussion durchgeführt werden.

2.1 Gravimetrie

Bei diesem Analysenverfahren erhält man das Ergebnis — den prozentualen Gehalt der Probe — aus folgender Beziehung:

$$p[\%] = \frac{100\,k\,x}{e} = \frac{100\,k\,(X_1 - X_0)}{(E_1 - E_0)}\,. \tag{2.01}$$

$p =$ Gehalt der Probe;
$k =$ stöchiometrischer Umrechnungsfaktor;
$x =$ Meßwert (Auswaage);
$e =$ Einwaage;
$X_1, X_0 =$ Einzelmessungen zur Auswaage;
$E_1, E_0 =$ Einzelmessungen zur Einwaage.

Die Größen x und e sind mit den üblichen zufälligen Meßfehlern dx bzw. de behaftet. Der Faktor k läßt sich aus den Atom- bzw. Molekulargewichten der an der Reaktion beteiligten Komponenten ableiten. Beim Arbeiten mit vier Dezimalstellen liegt sein Fehler in der Größenordnung von 10^{-1} bis $10^{-2}\,\%$. Dieser Fehler ist vernachlässigbar. Aus Gl. 2.01 erhält man nach den Regeln der Fehlerrechnung für den relativen maximalen Meßfehler bei der Gehaltsbestimmung (mit $dX_0 = dX_1 = dX$ und $dE_0 = dE_1 = dE$)

$$\delta p = \frac{dp}{p} = \frac{dx}{x} + \frac{de}{e} = \frac{2\,dX}{x} + \frac{2\,dE}{e}\,. \tag{2.02}$$

Der Fehler der Gehaltsbestimmung läßt also sich klein halten durch

1. Geringe Meßfehler;
2. Große Meßwerte.

Dem Vermindern des Meßfehlers sind geräte- und aufwandsbedingte Grenzen gesetzt. Im Makromaßstab muß man mit $dX = dE \approx 0{,}3$ mg rechnen. Durch N_j-faches Wiederholen einer Messung und Mitteln der erhaltenen Werte kann man diesen Fehler auf den Bruchteil $1/\sqrt{N_j}$ herabdrücken (vgl. 3.32). Das in der Gravimetrie übliche Konstantwägen und Mitteln vermindert also gleichzeitig den Wägefehler. Dagegen ist bei der Einwaage nur eine einzige Wägung üblich. Zum Vermindern des Fehlers sollte man deshalb beim Arbeiten im Makromaßstab die Einwaagen auf einer Halbmikrowaage vornehmen.

Dem Erhöhen der Meßwerte stehen hauptsächlich verfahrensbedingte Gründe entgegen, z. B. kann man größere Mengen eines Niederschlages nur schlecht auswaschen. Deshalb sollte die Auswaage den Richtwert von 200 mg nicht wesentlich übersteigen. Je nach dem Größenunterschied zwischen Ein- und Auswaage hat man folgende zwei Fälle zu unterscheiden:

1. Ein- und Auswaage sind von gleicher Größenordnung;
2. Ein- und Auswaage sind von verschiedener Größenordnung.

Im allgemeinen herrscht die erste Möglichkeit vor. Die Fehler von Ein- und Auswaage sind hier etwa gleich groß, d.h., falls $e \approx x$, wird auch $\delta e \approx \delta x$. Im zweiten Falle — ein Beispiel hierfür ist die dokimastische Edelmetallbestimmung — ist der kleinere Meßwert fehlerbestimmend. Der relative Fehler des größeren Meßwertes (meist die Einwaage) soll dann gegen den Fehler des kleineren Meßwertes vernachlässigbar sein. Der solchen Analysenverfahren eigene, verhältnismäßig große Fehler fällt meist nicht sehr ins Gewicht, da die analysierten Gehalte hinreichend tief liegen. Trotzdem wird man gravimetrische Methoden dieser Art nach Möglichkeit umgehen, weil bei solch kleinen Mengen an Niederschlag die Verunreinigungen der Reagentien u. dgl. bereits eine merkbare Rolle spielen. Wesentlich günstiger sind bei derartigen analytischen Problemen die physikalisch-chemischen und physikalischen Verfahren einzusetzen.

[2.01] Bei der elektrolytischen Kupferbestimmung im Tombak mit $p = 80\%$ Cu beträgt bei einer Auswaage von $x = 200$ mg die Einwaage $e = 250$ mg. Mithin wird nach Gl. 2.02 mit $2\,dE = 2\,dX \approx 0{,}5$ mg der Meßfehler der Gehaltsbestimmung

$$\delta p = \frac{dp}{p} = \frac{0{,}5}{200} + \frac{0{,}5}{250} = 0{,}0025 + 0{,}0020 = 0{,}0045 \mathrel{\hat=} 0{,}45\% \text{ (rel.)}.$$

Der Analysenwert kann also allein als Folge des Meßfehlers im Bereich von 79,64 bis 80,36% schwanken. Da im chemischen Teil der Methodik kaum Fehler auftreten, darf man diesen errechneten Meßfehler etwa mit dem Gesamtfehler des Verfahrens gleichsetzen.

[2.02] Bestimmt man — was zuweilen noch vorkommt — Kupfer als Nebenbestandteil elektrolytisch, so wird (z. B. in einer Aluminiumlegierung mit $p = 0{,}1\%$ Cu) selbst bei der recht großen Einwaage von $e = 10$ g

$$\delta p = \frac{dp}{p} = \frac{0{,}5}{10} + \frac{0{,}5}{10\,000} = 0{,}05 + 0{,}00005 = 0{,}05005 \mathrel{\hat=} 5\% \text{ (rel.)}.$$

Trotz des geringen Fehlers im chemischen Teil des Verfahrens läßt sich das Ergebnis nicht besser als mit einem relativen Fehler von 5% angeben (vgl. [2.07]). Man erkennt ferner, daß bei $x \ll e$ die Einwaage mit einem sehr viel größeren Fehler behaftet sein darf als die Auswaage. Selbst bei $de = 50$ mg würde $de/e = 0{,}5\%$ (rel.), also eine Zehnerpotenz geringer sein als dx/x.

Oftmals wird die Ansicht vertreten, daß gravimetrische Verfahren mit einem kleinen Umrechnungsfaktor k stets günstig seien. Diese Auffassung erweist sich bei der Diskussion des Meßfehlers nur als bedingt richtig. Ein Verfahren mit kleinem Umrechnungsfaktor ist dann vorteilhaft, wenn man eine der Einwaage gegenüber kleine Auswaage zu erwarten hat (z. B. Bestimmung von Nebenbestandteilen). Man kommt dann — trotz absolut kleiner Metallmengen — noch immer zu einer verhältnismäßig hohen Auswaage und damit zu einem kleinen Fehler dx/x. Sind jedoch Ein- und Auswaage etwa gleich groß, so wird man besser eine Methode mit einem größeren Umrechnungsfaktor benutzen. Bei der vorgegebenen Auswaage ($x \approx 200$ mg) würde in diesem Falle ein Verfahren mit kleinem Umrechnungsfaktor eine kleine Einwaage und damit einen hohen Wert für de/e bedingen.

[2.03] In einem Magnesit ($MgCO_3$ mit $p \approx 25\%$ Mg) wird Magnesium einmal durch Auswiegen als Oxinat ($k_1 = 0{,}07780$) und ein anderes Mal als Pyrophosphat ($k_2 = 0{,}2185$) bestimmt. Die Auswaage beträgt in beiden Fällen $x \approx 200$ mg. Damit wird die Einwaage im ersten Falle $e_1 = 60$ mg, im zweiten Falle $e_2 \approx 175$ mg. Die Meßfehler sind dann

$$\delta p_1 = \frac{dp}{p} = \frac{0{,}5}{200} + \frac{0{,}5}{60} = 0{,}0025 + 0{,}0083 = 0{,}0108 \;\widehat{=}\; 1{,}1\%\ (\text{rel.})\,;$$

$$\delta p_2 = \frac{dp}{p} = \frac{0{,}5}{200} + \frac{0{,}5}{175} = 0{,}0025 + 0{,}0029 = 0{,}0054 \;\widehat{=}\; 0{,}5\%\ (\text{rel.}).$$

Trotz des „ungünstigeren" Umrechnungsfaktors ist im zweiten Falle der Meßfehler nur halb so groß wie im ersten.

Natürlich wird man die Bestimmungsform eines Elementes nicht allein unter diesem Gesichtspunkt betrachten. Ist man bei der Einzelbestimmung noch verhältnismäßig frei in dieser Wahl, so wird in Trennungsgängen die Bestimmungsform weitgehend von dem speziellen Problem diktiert. Beispielsweise ist die Fällung des Magnesiums als Oxinat unumgänglich, wenn im Filtrat die Alkalimetalle gewichtsanalytisch bestimmt werden sollen.

2.2 Maßanalyse

Bei den direkten maßanalytischen Verfahren erhält man das Analysenergebnis aus

$$p\,[\%] = \frac{100 \cdot k \cdot f \cdot x}{e} = \frac{100 \cdot k \cdot f (X_1 - X_0)}{(E_1 - E_0)} \,. \qquad (2.03)$$

p = Gehalt in Prozent
k = Umrechnungsfaktor
x = Meßwert (Verbrauch an Maßflüssigkeit;
e = Einwaage;

X_1, X_0 = Einzelmessungen zum Verbrauch an Maßflüssigkeit;
E_1, E_0 = Einzelmessungen zur Einwaage;
f = Titer der Maßflüssigkeit.

Diese Formel entspricht Gl. 2.01, als zusätzliche Größe erscheint hier noch der Titer f, der die Normalität der Lösung angibt. Er muß zur Analyse durch zusätzliche Messungen bestimmt werden, man kann deshalb die Maßanalyse in gewissem Sinne als ein Analysenverfahren mit Eichung ansehen. Aus Gl. 2.03 erhält man nach den Regeln der Fehlerrechnung für den relativen maximalen Meßfehler

$$\delta p = \frac{dp}{p} = \frac{dx}{x} + \frac{de}{e} + \frac{df}{f} \,. \qquad (2.04)$$

Der Meßfehler wird auch hier durch die gleichen Faktoren wie bei der Gravimetrie und noch zusätzlich durch den Fehler bei der Titerstellung beeinflußt. Der Volumenfehler dx setzt sich hauptsächlich aus folgenden Anteilen zusammen:

1. Ablesefehler beim Interpolieren zwischen zwei Skalenteilen der Bürette;

2. Tropfenfehler infolge diskontinuierlichen Zusatzes der Maßlösung[1];

3. Nachlauffehler bei zu rascher Bürettenentleerung.

Außerdem können noch Fehler auftreten, wenn die Arbeitstemperatur der Maßflüssigkeit von der Eichtemperatur der benutzten Geräte abweicht und wenn Analysenprobe und Urtitersubstanz unterschiedliche Dichte besitzen und deshalb beim Wägen einem verschiedenem Luftauftrieb unterworfen sind.

Ablesefehler lassen sich vermindern durch Wägebüretten (die sich jedoch im Routinebetrieb nicht eingebürgert haben) oder durch Ringbüretten. Zum Verringern des Nachlauffehlers sind lange Auslaufzeiten günstiger als gleichlange Wartezeiten nach rascher Bürettenentleerung. Der Temperaturfehler macht sich wenig bemerkbar, solange die Arbeitstemperatur um weniger als $\pm 5°C$ von der Eichtemperatur der verwandten Geräte abweicht (vgl. Abb. 2). Gleiches gilt für den Einfluß des Luftauftriebes bei der Wägung. In dem sehr ungünstigen Fall der Titration von Aceton mit Kaliumdi-

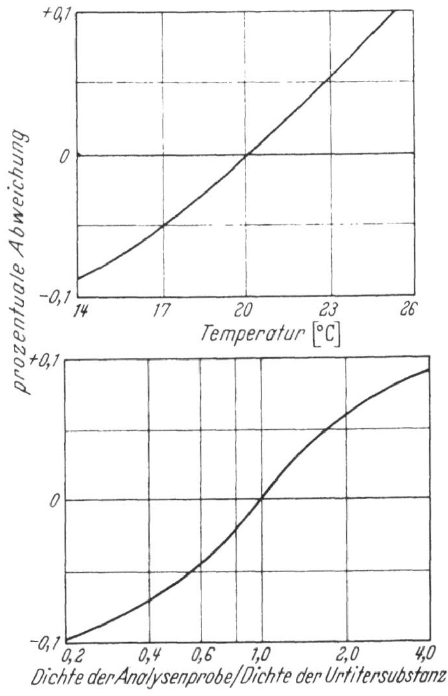

Abb. 2. Temperaturfehler (oben) und Fehler durch Luftauftrieb (unten)

chromat ($d_{\text{Aceton}} = 0{,}786$, $d_{\text{K}_2\text{Cr}_2\text{O}_7} = 2{,}69$, $d_1 : d_2 \approx 1 : 4$!) beträgt der hierdurch verursachte Fehler nur etwa $0{,}1\%$ (rel.), er fällt also selbst hier gegenüber allen anderen Meßfehlern wenig ins Gewicht. Wenn man im üblichen Makromaßstab arbeitet, wird man bei Verwenden einer 50 ml-Bürette den gesamten Volumenfehler zu $dx \approx 0{,}1$ ml annehmen dürfen.

Dem Erhöhen der Meßwerte wird durch das Fassungsvermögen der benutzten Bürette eine Grenze gesetzt. Außerdem ist ein Hantieren mit großen Volumina an Maßflüssigkeit umständlich und zeitraubend. Der optimale Verbrauch für eine 50 ml-Bürette dürfte bei 30—40 ml liegen (Sicherung gegen etwaige höhere Verbrauche). Entsprechend dieser

---

[1] Maßanalytische Verfahren, die die Eigenschaft eines Systems laufend verfolgen (z. B. Potentiometrie) vermeiden den Tropfenfehler infolge Interpolationsmöglichkeit.

Forderung ist die Einwaage der Probe zu bemessen. Läßt sich ein kleiner Verbrauch an Maßflüssigkeit nicht umgehen, so wählt man möglichst lange und enge Büretten wegen des geringeren Ablesefehlers. Allerdings muß man dann zum Vermindern des Nachlauffehlers eine längere Auslaufzeit in Kauf nehmen. Auch liegen die Volumentoleranzen bei kleinen Büretten ungünstiger als bei Büretten mit hohem Fassungsvermögen (vgl. Tab. 1).

Die Gehaltsbestimmung der benutzten Maßlösung muß ganz besonders sorgfältig geschehen. Fehler bei dieser „Eichung" wirken sich auf alle nachfolgenden Analysen als linear veränderlicher Fehler — also als systematische Abweichung — aus. Allgemein gilt, daß der Fehler des Titers unter $0,1\%$ (rel.) liegen soll, d.h., die Normalität muß auf wenigstens drei gültige Dezimalstellen angebbar sein. Nur wenn diese Bedingung erfüllt ist, kann die volumetrische Analyse ihre Leistungsfähigkeit voll entfalten.

[2.04] In einem Roteisenstein soll der Eisengehalt ($p \approx 90\%$ Fe_2O_3) durch Titration mit Kaliumpermanganatlösung nach Reinhard u. Zimmermann bestimmt werden. Es sind $e \approx 320$ mg, $x \approx 40$ ml Maßlösung, $de \approx 0,5$ mg, $dx \approx 0,1$ ml und $df/f = 0,001$. Damit ergibt sich nach Gl. 2.04

$$\delta p = \frac{dp}{p} = \frac{0,1}{40} + \frac{0,5}{320} + 0,001 =$$
$$= 0,00250 + 0,00156 + 0,00100 \triangleq 0,00506 = 0,51\% \text{ (rel.)}.$$

Der bei maßanalytischen Verfahren auftretende Meßfehler ist also nur wenig größer als der Meßfehler der gravimetrischen Bestimmungen (vgl. [2.01]). Das gilt allerdings nur, solange die Bedingung $\delta f < 0,1\%$ (rel.) erfüllt ist.

Tabelle 1. *Toleranzgrenzen von Geräten zur Volumenmessung*

Büretten						
Volumen	(ml)	100	50	30	10	5
zulässiger absoluter Maximalfehler	(ml)	0,08	0,04	0,03	0,02	0,01
zulässiger prozentualer Maximalfehler	(%)	0,08	0,08	0,1	0,2	0,2
Maßkolben						
Volumen	(ml)	2000	1000	500	250	100
zulässiger absoluter Maximalfehler	(ml)	0,5	0,25	0,14	0,08	0,08
zulässiger prozentualer Maximalfehler	(%)	0,025	0,025	0,028	0,032	0,080
Vollpipetten						
Volumen	(ml)	100	50	25	10	2
zulässiger absoluter Maximalfehler	(ml)	0,07	0,05	0,025	0,020	0,06
zulässiger prozentualer Maximalfehler	(%)	0,07	0,10	0,10	0,20	0,30

Die Festlegung des Gehaltes der Maßlösung erfolgt stets durch eine Massen- und eine Volumenbestimmung. Hieraus ergibt sich die gesuchte Normalität nach

$$f = \frac{e_0}{k \cdot x_0} \,.$$

(2.05)

$$e_0 = \text{Wägung} \qquad x_0 = \text{Volumenmessung}.$$

Als relativen maximalen Meßfehler für f erhält man aus Gl 2.05

$$\delta f = \frac{df}{f} = \frac{de_0}{e_0} + \frac{dx_0}{x_0} \,.$$

(2.06)

In der praktischen Durchführung der Titerstellung kennt man **zwei** Wege:

1. Man wägt das wirksame Reagens der Maßlösung auf der Analysenwaage ein und füllt im Maßkolben auf ein definiertes Volumen auf.

2. Man legt eine bekannte Menge einer Urtitersubstanz vor und bestimmt in einer Titration den Gehalt der Maßlösung.

Den ersten Weg kann man nur beschreiten, wenn das benutzte Reagens in der erforderlichen Reinheit und in definierter Verbindung herstellbar ist und wenn die Maßlösung Titerkonstanz zeigt (z.B. $K_2Cr_2O_7$ oder $KBrO_3$, nicht aber $KMnO_4$ oder $Na_2S_2O_3$).

[2.05] Zur Herstellung einer genau 0,1 n Kaliumdichromatlösung wägt man $e_0 = 4{,}9033$ g $K_2Cr_2O_7$ ein und füllt auf ein Volumen von $x_0 = 1$ Liter im Maßkolben auf. Mit $de_0 \approx 0{,}5$ mg und $dx_0 = 0{,}25$ ml (vgl. Tab. 1) erhält man als Fehler des Titers nach Gl. 2.06

$$\delta f = \frac{df}{f} = \frac{0{,}5}{4903{,}3} + \frac{0{,}25}{1000} = 0{,}0001 + 0{,}00025 = 0{,}00035 \triangleq 0{,}035\% \text{ (rel.)}.$$

Die Forderung $\delta f < 0{,}1\%$ (rel.) wird hier also wesentlich unterboten.

[2.06] Bei der Titerstellung einer 0,1 n Kaliumpermanganatlösung legt man $e_0 \approx 280$ mg Natriumoxalat vor und verbraucht zur Titration $x_0 \approx 40$ ml einer ungefähr 0,1 n Kaliumpermanganatlösung. Unter den üblichen Arbeitsbedingungen rechnet man mit $de_0 = 0{,}5$ mg und $dx_0 = 0{,}1$ ml. Damit ergibt sich nach Gl. 2.06 als Fehler des Titers

$$\delta f = \frac{df}{f} = \frac{0{,}5}{280} + \frac{0{,}1}{40} = 0{,}0018 + 0{,}0025 = 0{,}0043 \triangleq 0{,}43\% \text{ (rel.)}.$$

Der geforderte Maximalfehler von $\delta f = 0{,}1\%$ (rel.) wird hier weit überschritten.

Nach dem Ergebnis von [2.06] läßt sich der Gehalt einer Maßlösung nicht präzise bestimmen, wenn man sie gegen eine Urtitersubstanz unter den üblichen Arbeitsbedingungen einstellt. Es ist deshalb zu untersuchen, durch welche Maßnahmen der Fehler bei der Titerstellung vermindert werden kann.

1. Es ist zweckmäßig, die Einwaage auf einer Halbmikrowaage vorzunehmen. Damit läßt sich der Wägefehler etwa um eine Zehnerpotenz vermindern.

2. Die Einwaage e_0 soll möglichst groß bemessen werden. Deshalb sind Urtitersubstanzen mit hohem Äquivalentgewicht (z.B. $K_4[Fe(CN)_6] \cdot 3 H_2O$ mit $k = 42{,}239$ gegenüber reinem Eisen mit $k = 5{,}585$ zur Einstellung einer 0,1 n Cersulfatlösung) meßtechnisch stets günstig.

3. Die untere Grenze des Volumenfehlers ist durch die Größe des Tropfens gegeben. Man muß deshalb versuchen, alle anderen Fehleranteile (Ablesefehler, Nachlauffehler) möglichst gering zu halten.

4. Bei der Bedeutung der Titerstellung ist es gerechtfertigt, mit einem größeren Verbrauch an Maßlösung zu arbeiten (z.B. mit $x_0 = 80$ ml bei Verwendung einer 100 ml Bürette).

5. Zur Titerstellung führt man N_f Parallelbestimmungen ($N_f = 3 \ldots 5$) durch und mittelt die Resultate. Hierdurch sinkt der Fehler auf den Bruchteil $1/\sqrt{N_f}$ ab (vgl. 3.32).

Unter Beachtung dieser Punkte ist auch bei der Gehaltsbestimmung mit Hilfe von Urtitersubstanzen der postulierte Maximalfehler von $0{,}1\%$ (rel.) zu erreichen. Man erkennt jedoch, daß zur Titerstellung stets ein höherer Arbeitsaufwand erforderlich ist als bei der Analyse. Die Gehaltsbestimmung durch Einwägen ist also einfacher und schneller durchzuführen als die Einstellung einer Maßlösung gegen Urtitersubstanzen.

2.3 Photometrie

Grundlage aller photometrischer Messung ist das Gesetz von Lambert-Beer-Bouguer. Danach gilt

$$E = \lg \frac{x_0}{x} = \varepsilon \cdot c \cdot d. \tag{2.07}$$

$E =$ Extinktion;	$\varepsilon =$ Extinktionskoeffizient;
$x_0, x =$ Lichtintensität vor bzw. nach Passieren der Probe (meist in Prozent gemessen);	$c =$ Konzentration des gesuchten Stoffes;
	$d =$ durchstrahlte Schichtdicke.

Üblicherweise arbeitet man mit konstant gehaltener Schichtdicke, es wird dann

$$c = f \cdot E = f \cdot \lg \frac{x_0}{x}. \tag{2.08}$$

Dabei ist der für den speziellen Fall gültige Faktor f durch Eichung zu ermitteln. Im Gegensatz zu den chemischen Verfahren liefert die Photometrie das Meßergebnis im Konzentrationsmaß. Zur Berechnung des Gehaltes p benötigt man das Gewichtsmaß. Setzt man

$$c = y/v \tag{2.09}$$

$y =$ mg Substanz $v =$ benutztes Volumen.

so geht Gl. 2.08 über in

$$y = f \cdot E \cdot v \tag{2.10}$$

und man erhält bei der Einwaage e

$$p = \frac{y}{e} = \frac{f \cdot E \cdot v}{e} \, . \tag{2.11}$$

Als Fehler der Gehaltsbestimmung ergibt sich daraus

$$\delta p = \frac{dp}{p} = \frac{dE}{E} + \frac{dv}{v} + \frac{df}{f} + \frac{de}{e} \, . \tag{2.12}$$

Für den Fehler der Extinktionsmessung liefert Gl. 2.07 mit $dx_0 = dx$

$$\delta E = \frac{dE}{E} = \frac{\left(\dfrac{1}{x_0} + \dfrac{1}{x}\right) dx}{2{,}303 \, (\lg x_0 - \lg x)} \, . \tag{2.13}$$

Wie bei Gravimetrie und Maßanalyse wird auch hier ein präzises Ergebnis erzielt durch einen möglichst geringen Meßfehler dx. Mit guten Geräten kann man diesen bei einer hundertteiligen Skala auf $dx \approx 0{,}1$ Skt. herabdrücken.

Der Einfluß der Meßwertgröße auf den Fehler läßt sich nicht so einfach überblicken wie bei den chemischen Verfahren. Stellt man Gl. 2.13 graphisch dar, so erhält man den Kurvenverlauf von Abb. 3, falls man $x_0 = 100^0/_0$ und $dx = 0{,}1$ Skt. annimmt. Danach erfolgt die Extinktionsmessung bei $x \approx 30^0/_0$ mit dem geringsten Fehler. Bemerkenswert ist, daß sich kleine Durchlässigkeiten verhältnismäßig exakt messen lassen, daß der Fehler jedoch bei hohen Durchlässigkeitswerten rasch ansteigt. Zur Analyse wird man sich nach

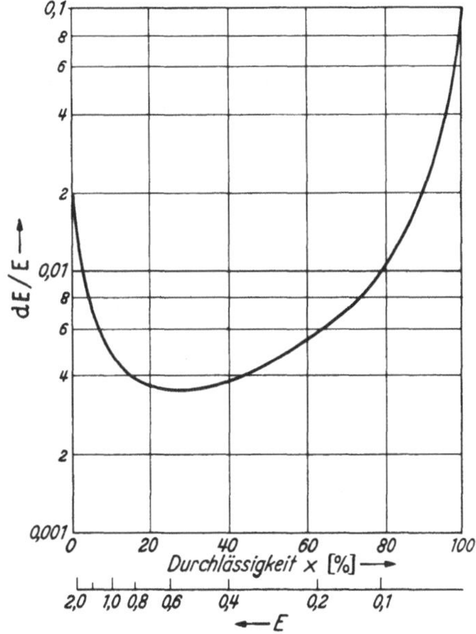

Abb. 3. Fehler der Extinktionsbestimmung in Abhängigkeit von der gemessenen Durchlässigkeit x

Möglichkeit das günstige Meßgebiet $5^0/_0 < x < 70^0/_0$ bzw. $1{,}3 > E > 0{,}2$ aussuchen, dE/E beträgt dann etwa $0{,}004 \;\hat{=}\; 0{,}4^0/_0$ (rel.). Es muß betont werden, daß die in Abb. 3 gezeigte Kurve nur bei Substitutionsverfahren strenge Gültigkeit besitzt. Außerdem ist der Kurvenverlauf abhängig von eventuellen systematischen Fehlern. Konstante Fehler (z. B. Blindwert) verschieben das optimale Meßgebiet zu größeren

Extinktionen, veränderliche Fehler (z.B. konzentrationsabhängige Farbbildung) verflachen die Kurve (Agterdenbos 1957B). Die Kurve gilt ebenfalls nicht bei Mehrstoffsystemen.

Zur Analyse verwendet man meist ein Volumen von 100 oder 200 ml. Nach Tab.1, S.12 beträgt bei Verwendung eines 100 ml-Meßkolbens der Fehleranteil $dv/v = 0{,}0008$. Gegenüber dem Fehler der Extinktionsbestimmung im optimalen Meßgebiet ($dE/E \approx 0{,}004$) fällt diese Größe wenig ins Gewicht.

Die Bestimmung der Konstanten f geschieht üblicherweise durch Extinktionsmessung an einer Probe bekannten Gehaltes. Nach Gl. 2.08 ist dann

$$f = \frac{c_0}{E_0} \, . \tag{2.14}$$

Als Fehler ergibt sich

$$\delta f = \frac{df}{f} = \frac{dc_0}{c_0} + \frac{dE_0}{E_0} \, . \tag{2.15}$$

Für den Fehleranteil dE_0/E_0 gilt das Obengesagte, die Eichproben sind also derart anzusetzen, daß man im optimalen Meßgebiet arbeitet.

Zum Herstellen der Eichlösungen geht man von einer eingewogenen Stammlösung aus, die man durch volumetrische Probenteilung verdünnt. dc_0/c_0 setzt sich also aus mehreren Teilfehlern zusammen. Der Fehler der Stammlösung läßt sich klein halten und vernachlässigen bei Verwendung geeigneter Geräte (insbesondere Maßkolben nicht kleiner als 250 ml). Nicht mehr vernachlässigbar ist dagegen der Fehler der volumetrischen Probenteilung. Bei Benutzen der üblichen Geräte (Maßkolben mit $v_1 = 100$ ml, Vollpipetten mit $v_2 = 2 \ldots 25$ ml) liegt er bei $dv/v \approx 0{,}003$ $\ldots 0{,}001$, er besitzt also die gleiche Größe wie dE/E.

Die Eichung führt man mehrfach durch und mittelt die erhaltenen Werte. (Auch lineare Ausgleichungen sind möglich, siehe z.B. [7.03] und [7.04].) Bei N_j Parallelbestimmungen vermindert sich der Fehler des Mittelwertes $\bar{f}$ auf den Bruchteil $1/\sqrt{N_j}$. Da bei der Eichung $dE_0/E_0 \approx$ $\approx dc_0/c_0$, muß man zur Mittelbildung mindestens drei bis vier Meßwerte heranziehen, wenn der gesamte bei der Eichung auftretende Fehler nicht größer sein soll als der Fehler bei der Analyse.

[2.07] Zur photometrischen Bestimmung von Kupfer in pyritischen Erzen (mit $p \approx 0{,}5\%$ Cu) schließt man 2 g mit Säure auf, setzt der Lösung nach eventuellem Durchlaufen eines Trennungsganges 20 ml Ammoniak zu und füllt auf 100 ml auf. Zur Eichung des Verfahrens bereitet man durch Einwägen von 1,9645 g $CuSO_4 \cdot 5H_2O$ eine Stammlösung, die nach Auffüllen auf 1000 ml 0,5 mg Cu/ml enthält. Von dieser Stammlösung mißt man 2, 5, 10 und 20 ml ab und füllt nach Zusatz von 20 ml Ammoniak auf 100 ml auf. Man bestimmt die Extinktion bei den Eich- und Analysenproben in der üblichen Weise. Hierbei treten folgende Meßfehler auf:

1. Eichung

Einwaage der Stammlösung　　　　　$\dfrac{de}{e} = \dfrac{0{,}5}{2000} = 0{,}00025$

Auffüllen der Stammlösung　　　　　$\dfrac{dv}{v} = \dfrac{0{,}25}{1000} = 0{,}00025$

Bereiten der Eichproben durch Aliquotieren
(unter Annahme eines mittleren Meßwertes
von $v = 10$ ml)　　　　　$\dfrac{dv}{v} = \dfrac{0{,}02}{10} = 0{,}0020$

Extinktionsmessung　　　　　$\dfrac{dE_0}{E_0} \approx 0{,}0040$

$$\dfrac{df}{f} = 0{,}0065$$

Dieser Fehler vermindert sich durch Mitteln über vier Eichproben auf den Bruchteil $1/\sqrt{4}$, es ist dann also

$$\dfrac{d\bar{f}}{\bar{f}} = 0{,}00325$$

2. Analyse

Einwaage　　　　　$\dfrac{de}{e} = \dfrac{0{,}5}{2000} = 0{,}00025$

Auffüllen　　　　　$\dfrac{dv}{v} = \dfrac{0{,}08}{100} = 0{,}00080$

Extinktionsmessung　　　　　$\dfrac{dE}{E} \approx 0{,}00400$

$$0{,}00505$$

Zuzüglich Fehler bei der Eichung　　　　　$0{,}00325$

$$0{,}00830$$

Bei der photometrischen Bestimmung muß man also mit einem Meßfehler von $dp/p = 0{,}0083 \mathrel{\hat{=}} 0{,}83\,^0/_0$ (rel.) rechnen.

Der für die Photometrie in [2.07] errechnete Meßfehler ist größer als der Meßfehler gravimetrischer oder maßanalytischer Verfahren (vgl. [2.01] und [2.04]). Dies ist eine Folge des verhältnismäßig hohen bei der Eichung aufgetretenen Fehlers. Trotzdem ist die Photometrie geeigneter zur Bestimmung von Nebenbestandteilen als beispielsweise die Gravimetrie (vgl. [2.02]), da die meisten photometrisch ausgenutzten Reaktionen sehr intensive Färbungen ergeben.

2.4 Indirekte Verfahren

Bei allen indirekten Analysenverfahren bestimmt man zwei (oder mehrere) Elemente nebeneinander ohne Trennung. Für ein Gemisch aus N qualitativ bekannten Komponenten führt man N verschiedenartige Bestimmungen durch. Die gesuchte Zusammensetzung des Gemisches erhält man durch rechnerische Kombination der Meßwerte. Bei der indirekten gravimetrischen Analyse eines Zweikomponentengemisches (als einfachstem indirekten Bestimmungsverfahren) erhält man folgendes Gleichungssystem:

$$k_1 x + k_2 y = a$$
$$k_1' x + k_2' y = b.$$

$x =$ mg Metall 1; $\qquad a, b =$ Auswaagen;
$y =$ mg Metall 2; $\qquad\quad k =$ stöchiometrische Umrechnungsfaktoren.

Dieses Gleichungssystem löst man allgemein nach x und y auf.

$$x = \frac{k_2' a - k_2 b}{k_1 k_2' - k_1' k_2}$$
$$y = \frac{k_1 b - k_1' a}{k_1 k_2' - k_1' k_2} \,. \tag{2.16}$$

Zur Berechnung des Fehlers für x und y differenziert man die beiden Ausdrücke partiell nach a und b und berechnet dann die Relativfehler δx und δy. Sie ergeben sich mit $da = db$ zu

$$\delta x = \frac{dx}{x} = \frac{(k_2 + k_2')\,da}{|\,k_2' a - k_2 b\,|}$$
$$\delta y = \frac{dy}{y} = \frac{(k_1 + k_1')\,da}{|\,k_1 b - k_1' a\,|} \,. \tag{2.17}$$

Auch hier wird ein präzises Analysenergebnis erzielt durch einen möglichst geringen Wägefehler da (bzw. db). Im Gegensatz zu den anderen besprochenen Verfahren — insbesondere im Gegensatz zu den gravimetrischen Direktmethoden — wird der Fehler maßgeblich durch die speziellen stöchiometrischen Faktoren beeinflußt. Der Meßfehler für jede Komponente wird klein, wenn diese Faktoren klein sind und wenn die Differenzen zwischen zwei zusammengehörigen Faktoren einen möglichst großen Wert besitzen. Weiterhin wird der Fehler vermindert durch möglichst unterschiedliche Auswaagen a und b. Der Fehler indirekter Methoden ist also sehr viel mehr abhängig von der angewandten Bestimmungsform, als dies bei allen Direktmethoden der Fall war.

[2.08] Zur Bestimmung von Kalium und Natrium nebeneinander werden zunächst Kalium- und Natriumchlorid gemeinsam ausgewogen. Danach bestimmt man den Gehalt an Chlorid in diesem Gemisch durch Auswägen als Silberchlorid. Enthält das Gemisch $x = 50$ mg K und $y = 50$ mg Na, so ergibt sich folgendes Gleichungssystem:

$$1{,}9069\,x + 2{,}5418\,y = 222{,}44$$
$$3{,}6622\,x + 6{,}2329\,y = 494{,}95.$$

Hieraus berechnet man nach Gl. 2.17 als relative Fehler für x bzw. y mit $da \approx 0{,}5$ mg

$$\delta x = \frac{(2{,}5418 + 6{,}2329)\,da}{6{,}2329 \cdot 222{,}44 - 2{,}5418 \cdot 494{,}95} = 0{,}0343 \; \hat{=} \; 3{,}43^0/_0 \text{ (rel.)};$$

$$\delta y = \frac{(1{,}9069 + 3{,}6622)\,da}{1{,}9060 \cdot 494{,}95 - 3{,}6622 \cdot 222{,}44} = 0{,}0217 \; \hat{=} \; 2{,}17^0/_0 \text{ (rel.)}.$$

Der Fehler ist also wesentlich größer als bei der Direktbestimmung (vgl. [2.01]).

Bei der Direktanalyse ist man bestrebt, für jede einzelne Komponente durch passende Wahl der Einwaage die optimale Meßwertgröße einzustellen. Dies ist bei der indirekten Analyse nicht möglich. Durch die formelmäßige Verknüpfung der einzelnen Meßwerte ist der Fehler stark abhängig von der Probenzusammensetzung. Die Meßfehler für die beiden Bestandteile sind etwa gleich, wenn die Komponenten in ungefähr gleichen Mengen vorliegen. Je geringer der Anteil einer Komponente in dem Gemisch ist, desto größer wird der Fehler bei ihrer Bestimmung.

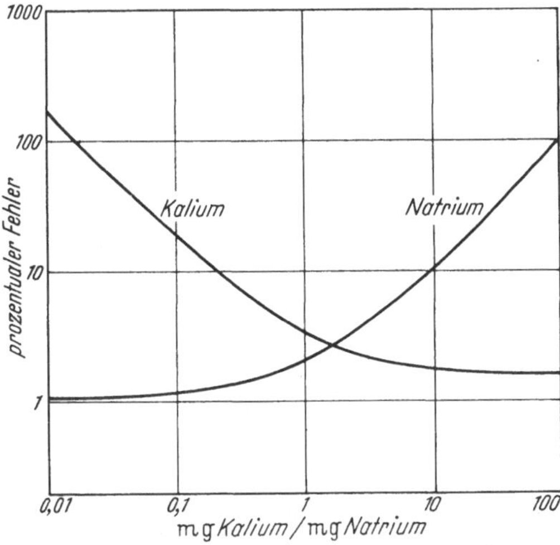

Abb. 4. Fehler der indirekten Bestimmung von Kalium und Natrium in Abhängigkeit von der Probenzusammensetzung

[2.09] Den Meßfehler für die indirekte Kalium-Natriumbestimmung ([2.08]) in Abhängigkeit von der Probenzusammensetzung zeigt Abb. 4 (mit $x + y = 100$ mg). Je mehr das Verhältnis Kalium/Natrium vom Wert Eins abweicht, desto größer wird der Fehler der kleineren Komponente. So beträgt der Fehler der Natriumbestimmung bei zehnfachem Kaliumüberschuß bereits $20^0/_0$ (rel.), bei hundertfachem Überschuß jedoch mehr als $100^0/_0$ (rel.). Die Methode erlaubt dann nicht mehr Aussage als z. B. die sehr viel einfachere halbquantitative Spektralanalyse.

Nach allen diesen Erörterungen bieten die indirekten Verfahren gegenüber den Direktmethoden keine Vorteile. Man wird auf sie nur dann zurückgreifen, wenn für den speziellen Fall kein Direktverfahren verfügbar ist. Um den Fehler in den möglichen Grenzen zu halten, muß man bei indirekten Analysen für jedes spezielle Problem die Fehlerdiskussion besonders sorgfältig vornehmen.

Literatur: DOERFFEL (1957A); FUCHS; HERFURTH (1959); JAKOWLEW; ROBINSON; ZÖLLNER.

3. Der Zufallsfehler

3.1 Die Gauß-Verteilung

Wenn man ein und dieselbe Analyse mehrfach wiederholt, so erhält man Ergebnisse, die infolge der aufgetretenen Zufallsfehler (Verfahrens- und Meßfehler) eine gewisse Streuung zeigen. Bei einer genügend großen Anzahl von Resultaten findet man eine Häufung um einen bestimmten Wert. Je stärker die einzelnen Werte davon abweichen, um so seltener treten sie auf. Stellt man graphisch die Häufigkeit der Meßwerte in Abhängigkeit von ihrer Größe dar, so erhält man fast immer die bekannte *Gaußsche Glockenkurve*[1]. Das Maximum dieser Kurve liegt — sofern systematische Fehler abwesend sind — an der Stelle des unbekannten wahren Gehaltes μ der untersuchten Probe. Bei einer genügend großen Anzahl von Messungen (theoretisch unendlich viele) kommt der Mittelwert $\bar{x}$ aus allen Meßwerten diesem wahren Wert μ am nächsten. Selbstverständlich wird man bei wiederholter Messung auch mit dem besten Verfahren kleine Streuungen erhalten. Ergibt sich bei genügend häufiger Wiederholung immer wieder genau der gleiche Analysenwert, so deutet das darauf hin, daß man entweder die Aussagenmöglichkeit der Methode nicht ausnutzt (d.h., man darf das Resultat auf eine Dezimalstelle mehr angeben), oder daß man einer Selbsttäuschung zum Opfer gefallen ist.

Es kann auch vorkommen, daß nicht die Resultate selbst, sondern erst ihre Logarithmen normalverteilt sind. Man spricht dann von einer *logarithmischen Normalverteilung*. Mit ihrem Auftreten in der analytischen Chemie muß man rechnen[2]:

1. Wenn man Bestimmungen in einem sehr weiten Konzentrationsbereich (mehrere Zehnerpotenzen) ausführt.

2. Wenn man in der Nähe von null oder hundert Prozent arbeitet (z.B. Reinheitsprüfungen)

3. Wenn der Zufallsfehler des Verfahrens mit den Meßwerten selbst vergleichbar ist (beispielsweise bei der halbquantitativen Spektralanalyse).

Logarithmische Normalverteilungen treten häufiger auf, als man vermutet. Sie werden jedoch oft nicht erkannt, da bei geringer Streuung der Meßwerte der Unterschied zur Gaußverteilung mit linearer Merkmalsteilung geringfügig ist. Verfahren, deren Werte einer logarithmischen Normalverteilung folgen, zeigen einen über den gesamten Konzentrationsbereich gleichbleibenden Relativfehler.

Das Zeichnen von Häufigkeitsverteilungen ist ein sehr einfaches und dabei recht wirkungsvolles Hilfsmittel für eine erste orientierende Be-

---

[1] Einige Fälle von Nicht-Gaußschen Verteilungen in der analytischen Chemie beschreibt Schlecht.

[2] Außerdem sind Zeitmessungen meist in dieser Weise verteilt.

trachtung einer größeren Zahl von Analysenwerten. Dieses Problem
tritt z.B. auf bei der Auswertung eines Gemeinschaftsversuches, an dem
mehrere Laboratorien mit je einer Anzahl von Analysenwerten der gleichen Probe beteiligt sind. Als Darstellungsweise wählt man meist das
Säulendiagramm. Die vorliegenden Werte teilt man — entsprechend ihrer
Größe — in einzelne Klassen ein. Dabei soll die Zahl der Klassen etwa
gleich sein der Wurzel aus der Anzahl der
Meßwerte, sie soll den Wert Fünf jedoch nicht
unterschreiten. Die Häufigkeit der Resultate
in jeder Klasse stellt man durch eine Säule
dar. Bei „eingefahrenen" Analysenmethoden
folgen die Ergebnisse meist mehr oder weniger
einer Gaußverteilung. Dabei spielt es keine
Rolle, ob die Messungen von verschiedenen
Beobachtern, an verschiedenen Orten usw. er-
folgten.

[3.01] Bei der Manganbestimmung nach PROCTER
u. SMITH folgten die Analysenwerte der in Abb.5
dargestellten Häufigkeitsverteilung. Bemerkenswert
ist das scharf ausgeprägte Maximum, obwohl an dem
Gemeinschaftsversuch sieben verschiedene Laboratorien beteiligt waren.

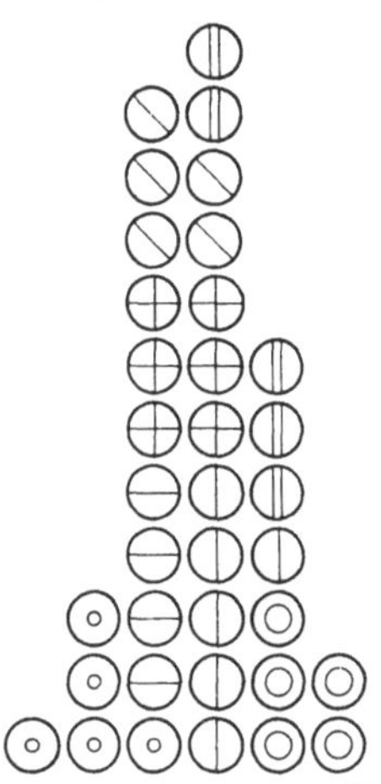

Abb. 5. Häufigkeitsverteilung
der Manganbestimmung nach
PROCTER u. SMITH bei der
Analyse der gleichen Probe in
sieben Laboratorien

Die Ausbildung einer Gaußverteilung bietet
jedoch keine Gewähr für ein *richtiges* Analysenergebnis. Wenn sich in allen am Gemeinschaftsversuch beteiligten Laboratorien der gleiche
systematische Fehler bemerkbar macht, er-
folgt eine Parallelverschiebung der Verteilungskurve, ohne daß sich
ihre Gestalt verändert. Aus diesem Grunde ist es zweckmäßig, mehrere
verschiedenartige Analysenverfahren anzuwenden, die allerdings einen
ähnlich großen Zufallsfehler besitzen müssen.Wenn sich unter diesen
Bedingungen eine der Abb.5 entsprechende Gaußkurve ergibt, darf
man auf die Abwesenheit systematischer Fehler schließen.

Uneinheitliche systematische Fehler bei einem Gemeinschaftsversuch
verändern den Verlauf der Häufigkeitsverteilung in oft sehr charakteri-
stischer Form. Ein verwaschenes Maximum läßt z.B. darauf schließen,
daß die von den einzelnen Beobachtern erhaltenen Werte besonders
stark voneinander abweichen als Folge systematischer Fehler verschiedener Größe und unterschiedlichen Vorzeichens. Diese Erscheinung tritt
vorwiegend auf bei der Neueinführung von Analysenmethoden, bei
Proben ungewohnter Zusammensetzung oder bei ungleichwertigen
Laboratorien. Schiefe Verteilungen ergeben sich, wenn die Resultate der
einzelnen Laboratorien mit systematischen Fehlern verschiedener Größe

aber gleichen Vorzeichens behaftet sind, wenn also das benutzte Analysenverfahren zu Über- oder Minderbefunden neigt. Plusfehler verschieben das Maximum zu höheren, Minusfehler zu niedrigeren Werten. Wenn in einem Teil der Laboratorien nach Größe und Vorzeichen der gleiche systematische Fehler auftritt, bilden sich Häufigkeitsverteilungen mit zwei (oder mehreren) Maxima aus. Ist die systematische Abweichung nicht sehr groß, so kann sich das Nebenmaximum nur als „Schulter" des Hauptmaximums äußern.

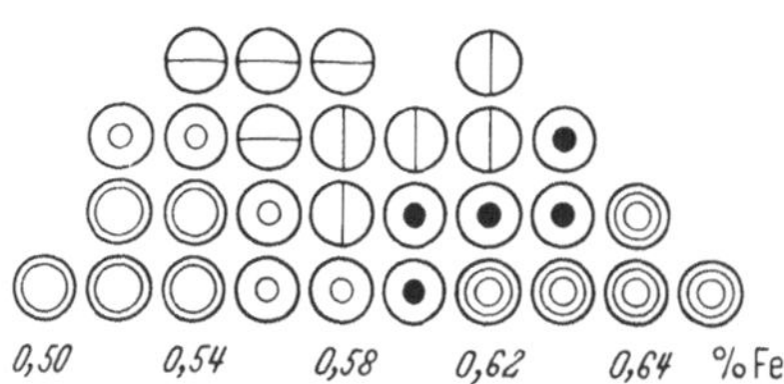

Abb. 6. Häufigkeitsverteilung der Eisenbestimmung in einer Titanlegierung bei der erstmaligen Analyse der gleichen Probe in sechs Laboratorien

[3.02] Eine Häufigkeitsverteilung ohne scharfes Maximum zeigten die Resultate bei der Analyse einer neuartigen Titanlegierung (Abb. 6). Man erkennt, daß die Werte innerhalb der einzelnen Laboratorien zwar recht gut beieinander liegen, daß die Ergebnisse zwischen den Laboratorien jedoch beträchtlich differieren.

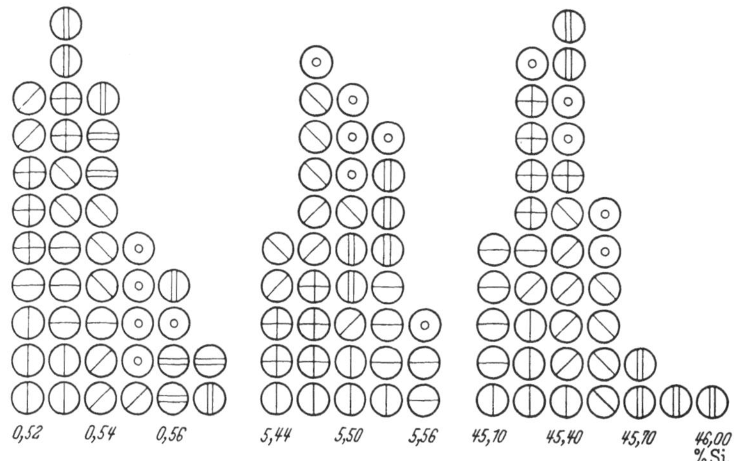

Abb. 7. Häufigkeitsverteilung von gemeinschaftlichen Siliciumbestimmungen bei verschiedenen Gehalten

[3.03] Für die Gefahr eines Minderbefundes ist die Siliciumbestimmung bekannt. Abb. 7 zeigt Häufigkeitsverteilungen für die Bestimmung von Silicium an Proben verschiedenen Gehaltes. Die Schiefe der Verteilung ist besonders ausgeprägt bei der Probe mit dem niedrigen Gehalt. Das dürfte darauf hindeuten, daß sich die systematische Abweichung in Form eines konstanten Fehlers (vgl. 1) äußert.

[3.04] Bei der maßanalytischen Zinnbestimmung in einem Weißmetall folgten die Resultate deutlich einer zweigipfligen Verteilung (Abb. 8). Als Ursache hierfür ergab sich bei der Diskussion der Analysenwerte, daß in der Gruppe mit den niedrigen Zinnwerten die Reduktion vor der maßanalytischen Bestimmung nicht genügend sorgfältig durchgeführt worden war. Als der Versuch mit einer überall einwandfreien Reduktion wiederholt wurde, folgten die Werte nahezu einer Gauß-Verteilung.

In allen diesen und ähnlichen Fällen kann man aus der Häufigkeitsverteilung ersehen, daß die Versuchsmethodik noch verbesserungsbedürftig ist. Aufgabe des Analytikers ist es dann, die vorhandenen systematischen Fehler auszumerzen und den Versuch unter einwandfreien Bedingungen zu wiederholen.

Ob die betrachteten Werte einer Gaußverteilung folgen, kann man graphisch[1] auf einfache Weise prüfen. Man verwendet dazu *Wahrscheinlichkeitspapier*[2], dessen Abszisse linear (oder logarithmisch) und dessen Ordinate nach dem Gaußschen Integral geteilt ist. Gaußverteilungen ergeben

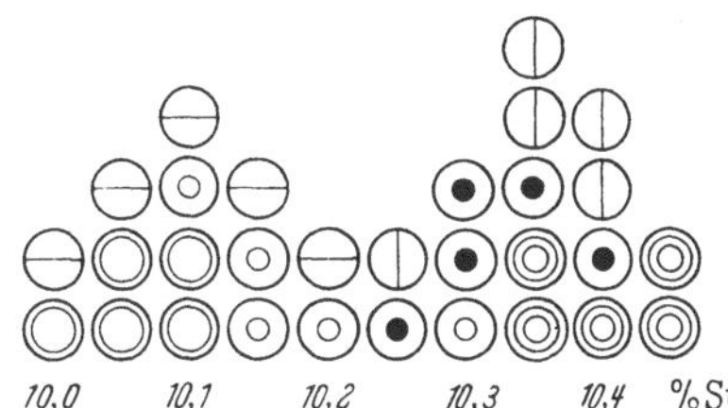

Abb. 8. Häufigkeitsverteilung der Zinnbestimmung in Weißmetall bei Analyse der gleichen Probe in sechs Laboratorien

in diesem Netz eine Gerade. Zur Untersuchung der Meßwerte stellt man eine Summenverteilung auf, d.h., man ordnet die einzelnen Resultate danach, wieviele ($y\,^0/_0$) unterhalb einer bestimmten Schranke x_i liegen und zeichnet diese Wertepaare in das Wahrscheinlichkeitsnetz ein. Die Geradlinigkeit des Kurvenverlaufes beurteilt man zwischen den Häufigkeiten $y_1 \approx 10^0/_0$ und $y_2 \approx 90^0/_0$. Außerhalb dieses Bereiches erhält man auch bei Normalverteilungen keine Gerade, da das Gaußsche Integral asymptotisch gegen null bzw. hundert Prozent geht. Dieser Raum ist auf dem Papier zu endlicher Breite zusammengedrängt. Gruppieren sich die Punkte innerhalb der angegebenen Grenzen ($10^0/_0 < y_i < 90^0/_0$) um eine Gerade, so darf man eine Normalverteilung annehmen. Das Maximum der Glockenkurve — und damit der wahre Wert μ — liegt an der Stelle $y = 50^0/_0$, sofern bei den Messungen keine systematischen Fehler unterlaufen sind. Bei sehr stark streuenden Werten kann man die Entscheidung nach einem von HENNING u. WARTMANN angegebenen Verfahren fällen.

[3.05] Die der Abb. 5 (S. 21) zugrunde liegenden Analysenwerte sollen auf ihre Normalverteilung geprüft werden. Dazu stellt man folgende Summentafel auf:

Schranke (x_i)	Häufigkeit		Schranke (x_i)	Häufigkeit	
	absolut	prozentual (y_i)		absolut	prozentual (y_i)
$< 0{,}14$	1	$2{,}8^0/_0$	$< 0{,}17$	27	$75{,}0^0/_0$
$< 0{,}15$	4	$11{,}1^0/_0$	$< 0{,}18$	34	$94{,}4^0/_0$
$< 0{,}16$	15	$41{,}7^0/_0$	$< 0{,}19$	36	$100{,}0^0/_0$

---

[1] Die rechnerische Prüfung läßt sich mit Hilfe des χ^2-Testes (4.12) durchführen. Näheres hierzu siehe LINDER (1951) S. 122 sowie WEBER (1957) S. 202.

[2] Lieferbar durch Fa. Schäfers Feinpapiere, Plauen (Vogtland), sowie Fa. Schleicher & Schüll, Düren (Westf.).

Die zusammengehörigen Wertepaare (x_i; y_i) werden in das Wahrscheinlichkeitsnetz eingetragen (Abb. 9). Da die einzelnen Punkte recht gut längs einer Geraden streuen, darf man die Normalverteilung der Analysenwerte annehmen. Die zu der Häufigkeit $y = 50\%$ gehörige Abszisse gibt den Gehalt der Probe zu $\mu = 0{,}165\%$ Mn an.

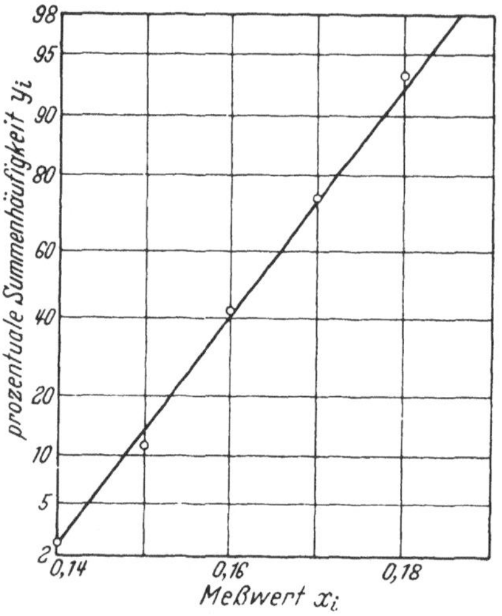

Die hier beschriebene Methode läßt sich anwenden auf Meßserien von ungefähr 30 Werten und mehr. Enthält die Serie weniger Messungen, so benutzt man das von HENNING u. WARTMANN beschriebene Verfahren. Wenn sich bei der Prüfung statt der erwarteten Geraden eine Kurve ergibt, so kann dies auf eine logarithmische Normalverteilung hindeuten (Abb. 10). Derartige Verteilungen lassen sich in analoger Weise erkennen (Abszisse logarithmisch teilen), jedoch muß man beachten, daß unter Umständen die Wahl des Ausgangspunktes eine wichtige Rolle spielt

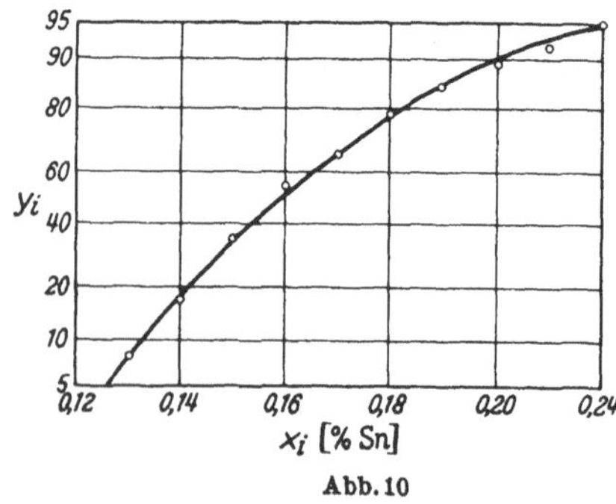

Abb. 9. Prüfung auf Gaußverteilung mit Hilfe des Wahrscheinlichkeitsnetzes

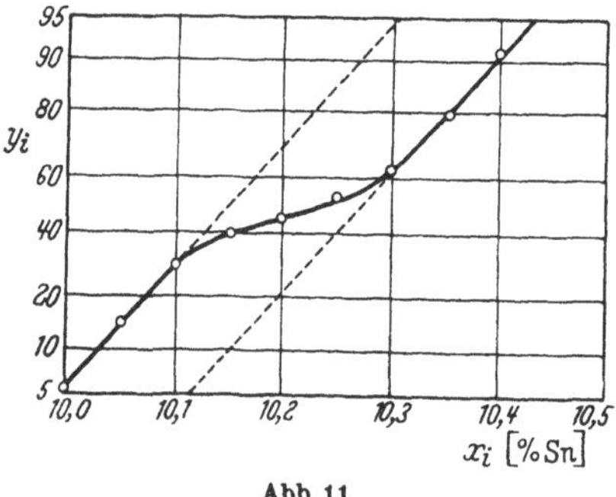

Abb. 10   Abb. 11

Abb. 10. Logarithmische Normalverteilung im Wahrscheinlichkeitsnetz mit linearer Merkmalsteilung

Abb. 11. Zweigipflige Verteilung bei der Darstellung im Wahrscheinlichkeitsnetz

(vgl. DAEVES u. BECKEL). Mehrgipflige Verteilungen äußern sich im Wahrscheinlichkeitsnetz darin, daß sich zwei oder mehrere Geraden ergeben, die durch einen Kurvenzug miteinander verbunden werden können. Als Beispiel hierfür sind in Abb. 11 die Werte der Abb. 8 im Wahrscheinlichkeitsnetz dargestellt.

Literatur: DAEVES u. BECKEL; DOERFFEL (1961); GADDUM; STRAUCH; WEBER (1957).

3.2 Reproduzierbarkeit von Analysenverfahren (Die Standardabweichung)

Es ist jedem Analytiker geläufig, daß die Reproduzierbarkeit der Mehrfachbestimmungen neben persönlichen und laboratoriumsgebundenen Einflüssen vom angewandten Analysenverfahren abhängt. Bei der titrimetrischen Bestimmung von Zink mit Endpunktsbestimmung durch Tüpfeln wird beispielsweise der gleiche Beobachter sehr viel stärker streuende Resultate erhalten als bei der potentiometrischen oder komplexometrischen Analyse.

Es erhebt sich nun die Frage, wie sich diese erfahrungsmäßig bekannte Tatsache exakt erfassen läßt.

Es wäre denkbar, die zu jedem Analysenverfahren gehörige Gaußkurve zu zeichnen. Je besser die Reproduzierbarkeit des Verfahrens ist, desto mehr drängen sich die Meßwerte um den wahren Wert zusammen, um so schmaler und spitzer fällt also die Gaußkurve aus. Entsprechend nimmt mit wachsendem Zufallsfehler die Breite der Gaußkurve zu. Dieses graphische Verfahren ist jedoch für den praktischen Gebrauch zu umständlich, außerdem erlaubt es nur sehr begrenzte Aussagen.

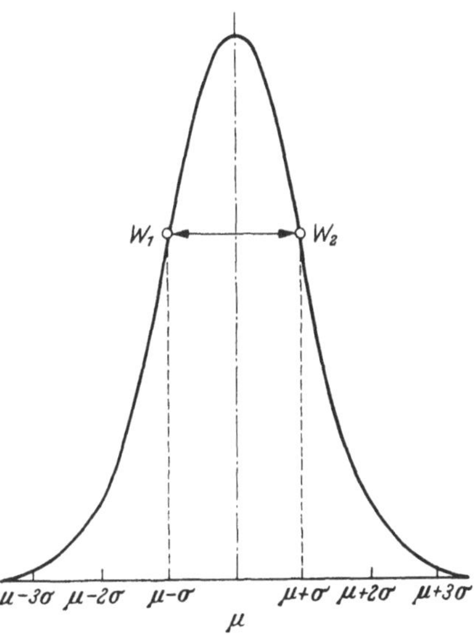

Abb. 12. Geometrische Bedeutung der Standardabweichung

Man charakterisiert deshalb die Breite der Glockenkurve durch den halben Abstand der beiden Wendepunkte $W_1 W_2$ (Abb. 12). Diese Größe bezeichnet man als *Standardabweichung* σ. Je geringer der Zufallsfehler des Verfahrens ist, um so schmaler fällt die Gaußkurve aus und um so kleiner wird die Standardabweichung. Die Standardabweichung wird entweder aus häufig wiederholten Messungen der gleichen Größe berechnet oder auch aus Mehrfachbestimmungen an vergleichbaren Objekten (z.B. Proben mit unterschiedlichem Gehalt). Die Zahl der Messungen soll dabei unendlich groß sein. Hat man — wie das in der Praxis üblich ist — nur eine endliche Anzahl von Meßwerten zur Verfügung, so erhält man für die Standardabweichung lediglich einen Näherungswert s.

Zur Berechnung[1] der Standardabweichung geht man aus den von quadratischen Differenzen zwischen den einzelnen Meßwerten x_i

---

[1] Zur Bestimmung auf graphischem Wege siehe EHRENBERG oder WEBER (1957).

und dem Mittelwert $\bar{x}$ der Serie. Die Standardabweichung ist dann definiert durch

$$s = \sqrt{\frac{\sum (x_i - \bar{x})^2}{N - 1}} \tag{3.01}$$

x_i = Meßwerte;
$\bar{x} = (x_1 + x_2 + \ldots + x_N)/N =$
= Mittelwert aller x_i.

Durch das Quadrieren erhalten die Abweichungen vom Mittelwert $(x_i - \bar{x})$ einheitlich positives Vorzeichen. Außerdem treten die größeren Differenzen besonders stark in Erscheinung. Als Kennziffer für die Breite der Gaußkurve wird die Standardabweichung nur dem Betrage nach angegeben, obwohl sie als Wurzelausdruck doppeltes Vorzeichen besitzt (vgl. aber S. 29). Das Quadrat der Standardabweichung bezeichnet man als *Varianz*.

Die Summe der Fehlerquadrate wird meist nicht nach der Definitionsformel (Gl. 3.01) berechnet. Durch Umformungen erhält man die einfacher zu handhabenden Beziehungen

$$\sum (x_i - \bar{x})^2 = \sum x_i^2 - N \bar{x}^2 \tag{3.021}$$

$$= \sum x_i^2 - \bar{x} \sum x_i \tag{3.022}$$

$$= \sum x_i^2 - \frac{(\sum x_i)^2}{N}. \tag{3.023}$$

Beim Arbeiten mit der Rechenmaschine bietet Gl. 3.021 Vorteile. Gl. 3.023 ergibt nur kleine Auf- oder Abrundungsfehler, sie ist deshalb für die numerische Rechnung günstig. Die einzelnen Gleichungen können infolge des Rundungsfehlers zu etwas verschiedenen Resultaten führen. Man soll daher innerhalb eines Rechnungsganges — das gilt insbesondere für die später zu besprechende Varianzanalyse — immer nur die gleiche Formel verwenden. Die zur Rechnung benötigten Quadratzahlen können Tab. 7 am Ende der Arbeit entnommen werden.

Im Nenner von Gl. 3.01 steht die um Eins verminderte Anzahl von Messungen. Diese Größe $N-1$ gibt die Zahl der Meßwerte an, über die man bei der Forderung $\sum (x_i - \bar{x}) = 0$ frei verfügen darf. Durch die freie Wahl von $N-1$ Differenzen ist die N-te Differenz ebenfalls festgelegt. Ebensogut könnte man sagen, $N-1$ sei die Zahl der Kontrollmessungen, die das gewonnene Ergebnis nur bestätigen sollen. Man bezeichnet diese Größe als die Zahl der *Freiheitsgrade* (*FG*) und symbolisiert sie durch den Buchstaben n. Die Zahl der Freiheitsgrade in Gl. 3.01 beträgt somit $n = N-1$.

Die Standardabweichung kann man nicht nur bestimmen aus einer großen Zahl Analysen an *einer* Probe, sondern auch aus den Analysenergebnissen von Proben *verschiedenen* Gehaltes. Hat man M Proben untersucht und bei jeder Probe N_j Mehrfachbestimmungen durchgeführt, so läßt sich aus den Werten der Parallelbestimmungen die Standardabweichung berechnen nach

$$s = \sqrt{\frac{\Sigma(x_{i1} - \bar{x}_1)^2 + \Sigma(x_{i2} - \bar{x}_2)^2 + .. + \Sigma(x_{iM} - \bar{x}_M)^2}{N - M}}$$

$$= \sqrt{\frac{\Sigma\Sigma(x_{ij} - \bar{x}_j)^2}{N - M}} \qquad (3.03)$$

x_{ij} = Meßwert i der j-ten Gruppe; N = Zahl aller Messungen;
$\bar{x}_j$ = Mittelwert der j-ten Gruppe; M = Zahl der Proben.

In der analytischen Chemie ist diese mäßig oft wiederholte Messung verschiedener Größen (Mehrfachbestimmungen an Proben unterschiedlichen Gehaltes) der weitaus häufigste Fall. Gl. 3.03 besitzt deshalb für den Analytiker ganz besondere Bedeutung. Voraussetzung für ihre Anwendung ist, daß der Absolutfehler des Verfahrens über den gesamten Konzentrationsbereich nahezu konstant bleibt und daß alle Analysen unter gleichen Bedingungen erfolgen. Mehrfachbestimmungen, die unmittelbar nebeneinander ausgeführt werden, sind nicht zuverlässig als normalverteilt anzusehen. Sie erhöhen nicht die Reproduzierbarkeit, sondern sichern nur gegen Ausreißer. Deshalb sollen Mehrfachbestimmungen möglichst in gewissem zeitlichen Abstand erfolgen.

[3.06] Die Bestimmung von SiO_2 in drei verschiedenen Silicatproben ergab folgende Werte (Prozent SiO_2)

Probe 1	Probe 2	Probe 3
64,89	47,56	75,16
65,04	47,63	74,54
65,34	47,02	75,00
	47,68	

Vor der weiteren Rechnung transformiert man diese Werte, um unnützen Zahlenballast abzustoßen. Die Transformation wählt man stets derart, daß man möglichst kleine Zahlen erhält. Im vorliegenden Falle darf man für jede Probe eine andere Transformation anwenden, da es nur auf die Streuungen innerhalb der einzelnen Mehrfachbestimmungen ankommt. Man hat lediglich zu beachten, daß die transformierten Zahlen vergleichbare Dekadenwerte besitzen.

Transformation der Analysenergebnisse:

Probe 1	$X_1 = 100\,x_1 - 6500$
Probe 2	$X_2 = 100\,x_2 - 4750$
Probe 3	$X_3 = 100\,x_3 - 7500$

Die gefundenen Werte gehen dann über in

Probe 1	Probe 2	Probe 3
− 11	+ 6	+ 16
+ 4	+ 13	− 46
+ 34	− 48	0
	+ 18	

Aus diesen transformierten Werten berechnet man die Quadratsummen nach Gl. 3.023. Man erhält folgendes Schema:

$$\Sigma(X_{i1} - X_1)^2 = 11^2 + 4^2 + 34^2 - \frac{(-11 + 4 + 34)^2}{3} = 1050$$

$$\Sigma(X_{i2} - X_2)^2 = 6^2 + 13^2 + 48^2 + 18^2 - \frac{(6 + 13 - 48 + 18)^2}{4} = 2803$$

$$\Sigma(X_{i3} - X_3)^2 = 16^2 + 46^2 - \frac{(16 - 46)^2}{3} = 2072$$

$$\Sigma\Sigma(X_{ij} - X_j)^2 = 1050 + 2803 + 2072 = 5925$$

Mit $N = 10$ (Gesamtzahl der Bestimmungen) und $M = 3$ (Anzahl der Proben). ergibt sich die Standardabweichung zu

$$S = \sqrt{\frac{5925}{10 - 3}} = 29{,}08.$$

Nach Aufheben der Transformation (dabei bleiben die additiven Konstanten unberücksichtigt) findet man daraus $s = 0{,}29\%$ SiO_2 (abs.) als Reproduzierbarkeit des angewandten Verfahrens.

In der analytischen Chemie führt man von den untersuchten Proben oft Doppelbestimmungen durch. Sind x' und x'' die beiden zu einer Probe gehörigen Werte, so wird das Mittel

$$\bar{x} = \frac{x' + x''}{2}$$

und daraus die Quadratsumme

$$QS = \left(\frac{x' + x''}{2} - x'\right)^2 + \left(\frac{x' + x''}{2} - x''\right)^2 = \frac{1}{2}(x' - x'')^2.$$

Bei M Proben ergibt sich die Standardabweichung somit aus

$$s = \sqrt{\frac{\frac{1}{2}\sum(x_i' - x_i'')^2}{M}} = \sqrt{\frac{\Sigma(x_i' - x_i'')^2}{2M}} \qquad (3.04)$$

mit $n = M$ Freiheitsgraden.

[3.07] Bei der spektralanalytischen Manganbestimmung im Stahl wurden folgende Werte gefunden (Prozent Mn, eigene Resultate):

Probe	x'	x''	$x' - x''$	$(x' - x'')^2$
1	1,46	1,45	0,01	0,0001
2	1,35	1,36	0,01	0,0001
3	0,89	0,85	0,04	0,0016
4	1,21	1,26	0,05	0,0025
5	1,13	1,13	0,00	0,0000
6	0,86	0,91	0,05	0,0025
				0,0068

Damit ergibt sich die Standardabweichung zu

$$s = \sqrt{\frac{0{,}0068}{12}} = 0{,}024\% \ \text{Mn (abs.)}.$$

Wenn sich die einzelnen Mittelwerte $\bar{x}_j$ sehr stark voneinander unterscheiden, (um mehrere Zehnerpotenzen), so hat man nach 3.1 eine logarithmische Normalverteilung in Erwägung zu ziehen. Man transformiert die Meßwerte nach $X_i = \lg x_i$ und erhält aus den transformierten Werten die Standardabweichung S nach einer der angegebenen Gleichungen. Will man von dieser logarithmischen Größe auf den Numerus und damit auf die Meßwerte selbst zurückschließen, so muß man hier dem doppelten Vorzeichen der Standardabweichung besondere Aufmerksamkeit schenken. Da $+S = \lg s$ und $-S = \lg \frac{1}{s}$, erhält die Standardabweichung nach oben und unten verschieden große Beträge. Außerdem ist zu beachten, daß die Standardabweichung in diesem Falle einen Relativfehler angibt.

[3.08] Bei der quantitativen spektrochemischen Bestimmung von Zinn in armen Zinnerzen wurden folgende Werte gemessen (Prozent Sn, eigene Meßwerte).

Probe 1	Probe 2	Probe 3
0,037	0,157	0,602
0,065	0,192	0,736
0,040	0,243	0,638
0,050	0,319	0,818

Man transformiert die Werte nach $X_i = \lg x_i$ und erhält

Probe 1	Probe 2	Probe 3
0,568 − 2	0,196 − 1	0,780 − 1
0,813 − 2	0,283 − 1	0,867 − 1
0,602 − 2	0,386 − 1	0,805 − 1
0,699 − 2	0,504 − 1	0,913 − 1

Mit diesen transformierten Werten berechnet man die Standardabweichung aus Gl. 3.03 analog [3.06]. Bei der Differenzbildung geben die negativen Kennziffern den Wert Null, man darf sie also von vornherein weglassen. Als Standardabweichung ergibt sich $S = \pm 0{,}106$. Macht man die anfängliche Transformation rückgängig, so wird $s_o = 1{,}28$ und $s_u = 0{,}78$, der Relativfehler des Verfahrens beträgt also $+28 \ldots -22\%$.

Die sinngemäße Auswertung der erhaltenen Resultate, d.h., die Wahl der im speziellen Fall gültigen Berechnungsformel für die Standardabweichung kann unter Umständen etwas problematisch sein. Als Beispiel seien die Meßwerte angeführt, die der Abb. 6 zugrunde liegen. Man könnte alle Meßwerte gemeinsam verwenden und die Standardabweichung nach Gl. 3.01 berechnen. Ebenso lassen sich auch die Werte der einzelnen Laboratorien zusammenfassen, zum Bestimmen der Standardabweichung würde man dann Gl. 3.03 benutzen. Im ersten Falle erhielte man eine

Aussage über die Streuung der Einzelwerte, im zweiten über den Fehler innerhalb der einzelnen Laboratorien (Näheres hierzu vgl. 4.22). Ähnliche Probleme treten auf, wenn man die Reproduzierbarkeit eines neuen Analysenverfahrens beurteilen will. Üblicherweise führt dazu die gleiche Arbeitskraft, die das Verfahren entwickelt hat, eine Reihe von Beleganalysen durch. Die erhaltenen Resultate benutzt man zum Berechnen der Standardabweichung. Hierbei ist zu bedenken, daß dieser Analytiker mit allen Tücken seines Verfahrens vertraut ist. Er wird somit eine bessere Reproduzierbarkeit finden, als wenn die Analysen von fremder Hand ausgeführt werden. (Vgl. hierzu 8.4). Man erkennt also, daß die Standardabweichung niemals mechanisch aus irgendwelchen Resultaten berechnet werden darf. Auch bei der Beurteilung von Standardabweichungen aus der Literatur ist es unumgänglich, diese Werte kritisch zu betrachten.

Eine Zusammenstellung von Standardabweichungen bei der Analyse von Eisen und Eisenerzen sowie für die Untersuchung von Magnesium und seinen Legierungen geben die Tab. 8 (S. 91—94) am Schluß der Arbeit. Die in diesen Tabellen niedergelegten Zahlen entstammen systematischen Untersuchungen durch den Chemikerausschuß des Vereins Deutscher Eisenhüttenleute sowie der Fa. Magnesium Elektron Ltd. in Manchester. Alle Zahlen wurden erhalten durch statistische Auswertung vieler Analysen, die von verschiedenen Analytikern über einen längeren Zeitraum durchgeführt wurden. Der Wert dieser beiden Zusammenstellungen liegt darin, daß alle Standardabweichungen unter vergleichbaren Bedingungen gewonnen wurden im Gegensatz zu den in der Literatur verstreuten Einzelangaben. Wenn diese tabellierten Standardabweichungen auch nur für den jeweiligen speziellen Fall gelten, so können sie doch oft auch bei der Untersuchung andersartiger Proben als Anhalt dienen über die zu erwartende Reproduzierbarkeit der Werte.

3.3 Reproduzierbarkeit von Meßwerten

3.31 Reproduzierbarkeit von Einzelmessungen (Der Streubereich). Die Häufigkeit gefundener Werte als Funktion ihrer Größe wird nach den Ausführungen von 3.1 im Idealfall durch eine Gaußkurve dargestellt. Wenn man durch Integration die Fläche zwischen Kurvenzug und Abszissenachse in den Grenzen $\mu \pm a$ bestimmt, so erhält man einen in Prozenten angebbaren Teil der Gesamtfläche. Dieser Bruchteil stellt die Wahrscheinlichkeit dafür dar, daß die Messung x_i in das Intervall $\mu \pm a$ fällt. Man bezeichnet dies als die *statistische Sicherheit P.* Setzt man $a = \sigma$, so erhält man bei der Integration 68,3% des gesamten Flächeninhaltes, die statistische Sicherheit beträgt also $P = 68,3\%$. Das ist gleichbedeutend damit, daß von drei Messungen zwei Werte um weniger als $\pm \sigma$ vom wahren Wert μ abweichen, falls in dem Verfahren keine systematischen Fehler enthalten sind. Für die Beurteilung von Werten ist diese Sicherheit meist zu gering, man benutzt deshalb weiter gespannte Integrationsgrenzen, die man als Vielfaches der Standardabweichung $k(P) \cdot \sigma$ ausdrückt. Den Zusammenhang zwischen statistischer Sicherheit P und Integrationsgrenze $k(P) \cdot \sigma$ gibt Tab. 2. In der Praxis rechnet man meist mit $P = 95\,^0/_0$ oder $P = 99\,^0/_0$. Man schreibt auch

$$k(P) \cdot \sigma = \Delta x \qquad (3.05)$$

und bezeichnet Δx als den *Streubereich*. Im Gegensatz zur Standardabweichung, die als Verfahrenskonstante nichts über den Einzelfall aussagt, darf man den Streubereich zur Charakterisierung von Einzelwerten verwenden[1]. Bei $P = 95^0/_0$ darf man annehmen, daß sich unter 20 Werten

Tabelle 2. *Statistische Sicherheit P und zugehörige Integrationsgrenze* $k(P) \cdot \sigma$

Statistische Sicherheit P [$^0/_0$]	Integrationsgrenze $\pm k(P) \cdot \sigma$	Statistische Sicherheit P [$^0/_0$]	Integrationsgrenze $\pm k(P) \cdot \sigma$
38,3	0,500 σ	95,0	1,96 σ
50,0	0,675 σ	99,0	2,58 σ
68;3	1,000 σ	99,7	3,00 σ
90,0	1,640 σ	99,99	4,00 σ

nur ein einziger befindet, der um mehr als 1,96 σ vom wahren Wert abweicht. Entsprechend wird bei $P = 99^0/_0$ unter 100 Fällen nur eine Abweichung um mehr als 2,58 σ zu erwarten sein. Je höher man die statistische Sicherheit wählt, um so weniger Werte fallen aus der angegebenen Fehlergrenze heraus. Es werden jedoch stets — auch bei beliebig großem Streubereich — einige Werte außerhalb der Schranke Δx zu finden sein, da es eine hundertprozentige Sicherheit (d.h., man würde den Zufall beherrschen) nicht gibt.

Gl. 3.05 kann man auch als Kriterium für die An- oder Abwesenheit systematischer Fehler benutzen. Hat man nach einem Verfahren mit der Standardabweichung σ einen Meßwert x erhalten, so darf man bei Abwesenheit systematischer Fehler mit einer statistischen Sicherheit von $P = 95^0/_0$ aussagen, daß der gefundene Wert um höchstens 1,96 σ vom (unbekannten) wahren Wert abweicht. Größere Abweichungen deuten — mit der gleichen statistischen Sicherheit — auf die Gegenwart systematischer Fehler.

---

[1] Die Standardabweichung wurde früher als „mittlerer Fehler des Meßwertes" bezeichnet. Das ist terminologisch ungünstig, weil dadurch der Anschein erweckt wird, es handele sich um denjenigen Fehler, der bei *jeder* Messung „im Mittel" zu erwarten ist. Nach dem Gesagten entspricht das in keiner Weise dem Wesen von σ. Die Bezeichnung „mittlerer Fehler des Meßwertes" ist daher irreführend und soll unbedingt vermieden werden. Aus dem gleichen Grunde ist es falsch, die Standardabweichung als Fehlerangabe für Einzelmeßwerte oder Mittelwerte zu benutzen.

Wie bereits erwähnt (S. 29), kann die Standardabweichung für das gleiche Verfahren völlig verschiedene Werte annehmen. Sie fällt bei der Wiederholung von Analysen durch den gleichen Beobachter kleiner aus, als wenn die Resultate von verschiedenen Analytikern oder in verschiedenen Laboratorien gewonnen wurden. Zur besseren Charakterisierung von Reproduzierbarkeitsangaben schlägt daher DIN 51 849 vor, zwischen dem *Wiederholstreubereich* und dem *Vergleichsstreubereich* zu unterscheiden. Die erste Größe wird bestimmt aus den Messungen des gleichen Beobachters, die zweite aus den Ergebnissen verschiedener Analytiker eventuell in verschiedenen Laboratorien.

Alle bisherigen Betrachtungen über die Reproduzierbarkeit von Einzelwerten galten nur für den Idealfall unendlich vieler Werte. In der Praxis hat man jedoch meist nur eine begrenzte Zahl von Analysenergebnissen zur Verfügung[1]. Hieraus kann man die Aussagen nicht mehr mit der gleichen Sicherheit treffen wie bei unendlich vielen Messungen. Die Wahrscheinlichkeit, einen Wert im Bereich $\bar{x} \pm 2s$ zu finden, kann man nicht mehr mit $P = 95\%$, sondern nur mit einer geringeren Sicherheit angeben. Diese ist bei wenigen Messungen von der Anzahl der verfügbaren Werte abhängig. Will man trotz der wenigen Meßwerte mit der gleichen Sicherheit von $P = 95\%$ arbeiten, so muß man die Integrationsgrenze erweitern. Anstelle des Faktors $k(P)$ tritt jetzt eine von der statistischen Sicherheit P und der Anzahl der Freiheitsgrade n abhängige Größe $t(P, n)$ (Tab. 5 am Ende der Arbeit). Bei wenigen Meßwerten ist stets $t(P, n) > k(P)$ entsprechend der benötigten größeren Toleranzspanne. Mit zunehmender Anzahl von Freiheitsgraden strebt $t(P, n)$ dem Wert $k(P)$ zu und für $n \to \infty$ werden beide Größen identisch (siehe Abb. 13). Wenn man den Streubereich mit Hilfe eines Näherungswertes der Standardabweichung (vgl. S. 25) berechnet, so erhält man

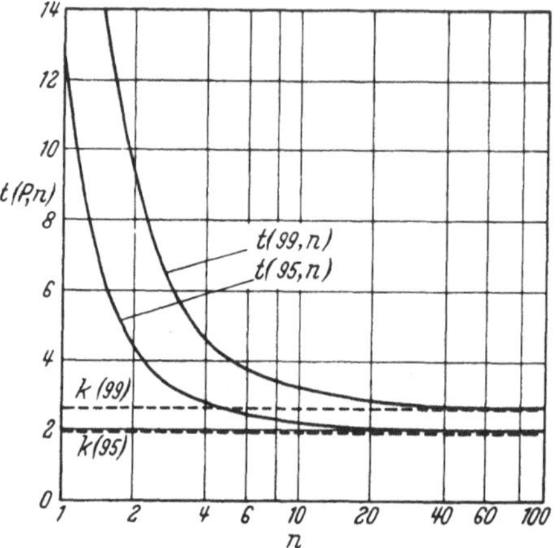

Abb. 13. $k(P)$ und $t(P, n)$ für $P = 95\%$ und $P = 99\%$ in Abhängigkeit vom Freiheitsgrad n

$$\Delta x = t(P, n) \cdot s \tag{3.06}$$

mit n Freiheitsgraden.

---

[1] Bei extrem wenigen Messungen ist die Auswertung mit Zentralwert und Spannweite zu empfehlen. Siehe hierzu Weber (1957) sowie Dean u. Dixon.

[3.09] In [3.06] wurde die Standardabweichung für die Bestimmung von SiO_2 mit $s = 0,29\%$ angegeben. Der Rechnung lagen $n = N - M = 7$ Freiheitsgrade zugrunde. Nach Gl. 3.06 ergibt sich daraus der Streubereich bei einer Sicherheit von $P = 95\%$ zu $\varDelta x = 2,37 \cdot 0,29 = 0,69\% \; SiO_2$.

Bei den logarithmischen Normalverteilungen ist der Streubereich — wie auch die Standardabweichung — nach beiden Seiten des Wertes verschieden groß. Sind $X = \lg x$ und $S = \lg s$, so wird $\varDelta X = \pm\, t(P, n) \cdot S$.

Will man von den Logarithmen auf die Werte selbst zurückgehen, so erhält man $X \pm \varDelta X = \lg x \pm \lg \varDelta x$, das ist gleichbedeutend mit $x \cdot \varDelta x$ bzw. $\dfrac{x}{\varDelta x}$. Der Einzelwert ist also in den Grenzen $x \cdot \varDelta x > x > \dfrac{x}{\varDelta x}$ reproduzierbar.

3.32 Reproduzierbarkeit von Mittelwerten (Vertrauensbereich des Mittelwertes). Die Reproduzierbarkeit eines Analysenverfahrens kann man anstatt aus einzelnen Messungen auch aus Mittelwerten bestimmen. Liegen den einzelnen Mittelwerten je N_j Messungen zugrunde,

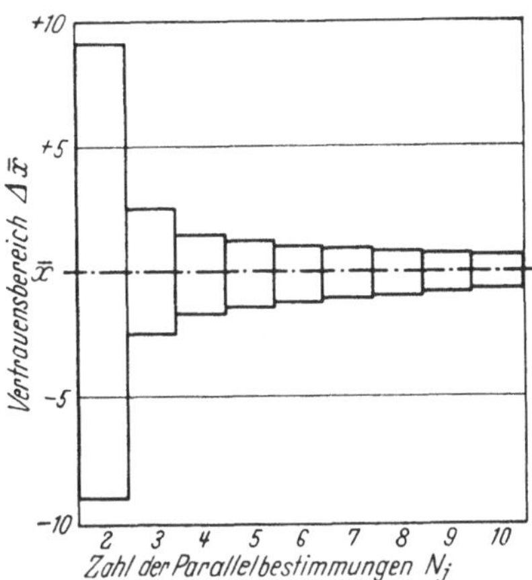

Abb. 14. Vertrauensbereich eines Mittelwertes aus N_j Messungen bei $P = 95\%$

so besteht zwischen der hieraus gewonnenen Standardabweichung s_M und der aus Einzelwerten berechneten Größe s folgende Beziehung

$$s_M = \frac{s}{\sqrt{N_j}}. \tag{3.07}$$

Die dem Streubereich des Einzelwertes analoge Größe wird als *Vertrauensbereich* $\varDelta \bar{x}$ bezeichnet. Sie ergibt sich aus

$$\varDelta \bar{x} = t(P, n) \cdot s_M = \frac{t(P, n) \cdot s}{\sqrt{N_j}} \tag{3.08}$$

mit n Freiheitsgraden.

[3.10] In [3.07] wurde die Standardabweichung für eine spektrochemische Manganbestimmung mit $s = 0,024\% \; Mn$ angegeben. Der Vertrauensbereich eines Mittelwertes aus zwei Bestimmungen ist bei $P = 95\%$ und $n = 6$ Freiheitsgraden

$$\varDelta \bar{x} = \frac{2,45 \cdot 0,024}{\sqrt{2}} = 0,042\% \; Mn \; (\text{abs.}).$$

Aus Gl. 3.08 ist zu ersehen, daß der Vertrauensbereich eines Mittelwertes mit steigender Zahl von Parallelbestimmungen verbessert wird, da im Nenner dieses Ausdruckes die Wurzel aus der Zahl der Messungen steht und da außerdem $t(P, n)$ mit steigender Zahl von Parallelbestimmungen abnimmt. Diesen Zusammenhang zeigt Abb. 14. Man erkennt, daß durch **zwei** oder **drei** Parallelbestimmungen die Reproduzierbarkeit beträchtlich erhöht wird. Jedoch ist mit wachsender Zahl von Parallelbestimmungen der Gewinn nur noch gering im Verhältnis zum Arbeitsaufwand.

Wie der Streubereich für den Einzelwert, so gibt der Vertrauensbereich für den Mittelwert Aussagen über die Reproduzierbarkeit oder auch Aussagen über eventuell vorhandene systematische Fehler. Will man die Abweichung eines Mittelwertes $\bar{x}$ von einem gegebenen Zahlenwert μ überprüfen, so vergleicht man die Differenz $|\bar{x} - \mu|$ mit dem Vertrauensbereich von $\bar{x}$. Der Unterschied beider Größen ist nur gesichert, wenn

$$|\bar{x} - \mu| > \Delta\bar{x} = \frac{t(P,n) \cdot s}{\sqrt{N_j}}. \tag{3.09}$$

Andernfalls ist die Abweichung nur als Folge des Zufallsfehlers anzusehen. Meist führt man diese Prüfung in etwas anderer Form durch, man berechnet

$$t = \frac{|x - \mu|}{s}\sqrt{N_j} \tag{3.10}$$

und vergleicht die Größe mit $t(P, n)$ bei n Freiheitsgraden. Die Abweichung gilt dann als gesichert, wenn $t > t(P, n)$ ist.

[3.11] Der Gehalt eines Eisenerzes war mit $\mu = 38{,}91\%\ Fe_2O_3$ angegeben worden. Die Analyse führte zu einem etwas niedrigeren Wert. Es sollte festgestellt werden, ob diese Abweichung nur zufälligen Charakter trägt oder ob sie auf einen gesicherten Unterschied zurückzuführen ist.

$$
\begin{array}{ll}
\text{Gefunden } Fe_2O_3 & 38{,}71\% \\
 & 38{,}90\% \\
 & 38{,}62\% \\
 & 38{,}74\% \\
\hline
\text{Mittel: } \bar{x} = & 38{,}74\%
\end{array}
$$

Standardabweichung (nach Gl. 3.01) $s = 0{,}117\%\ Fe_2O_3$.
Nach Gl. 3.10 berechnet man

$$t = \frac{|38{,}74 - 38{,}91|}{0{,}117}\sqrt{4} = 2{,}91.$$

Bei $n = N - 1 = 3$ Freiheitsgraden ist $t(P, n) = 3{,}18$ (Tab. 5, S. 85). Da $t < t(P, n)$, ist die Abweichung vom angegebenen Wert nur als zufällig anzusehen und kann nicht beanstandet werden.

Für die Beurteilung eines Materials kann vom Abnehmer eine bestimmte Mindestqualität gefordert werden. Beispielsweise wird von einer Erzsendung ein gewisser, nicht zu unterschreitender Metallgehalt verlangt. In einem solchen Fall wird der Lieferer von vornherein den Vertrauensbereich des Mittelwertes einkalkulieren.

[3.12] Ist der Eisengehalt von $\mu = 38{,}91^0/_0$ Fe_2O_3 (siehe [3.11]) als eine solche Mindestforderung anzusehen, so wird der Lieferer bei bekannter Standardabweichung des Analysenverfahrens ($s = 0{,}117^0/_0$) den Vertrauensbereich in Rechnung ziehen. Er wird also ein Erz versenden mit einem bei ihm als Mittelwert bestimmten Gehalt von $\mu + \varDelta\bar{x} = \mu + t(P, n) \cdot s/\sqrt{N_j} = 38{,}91 + 0{,}19 = 39{,}10^0/_0$ Fe_2O_3.

3.33 Das Erkennen von Ausreißern. Bei Serienmessungen weicht zuweilen ein Wert nach der einen oder anderen Seite auffallend stark vom Mittelwert ab. Man hat dann zu entscheiden, ob dieser Wert nur

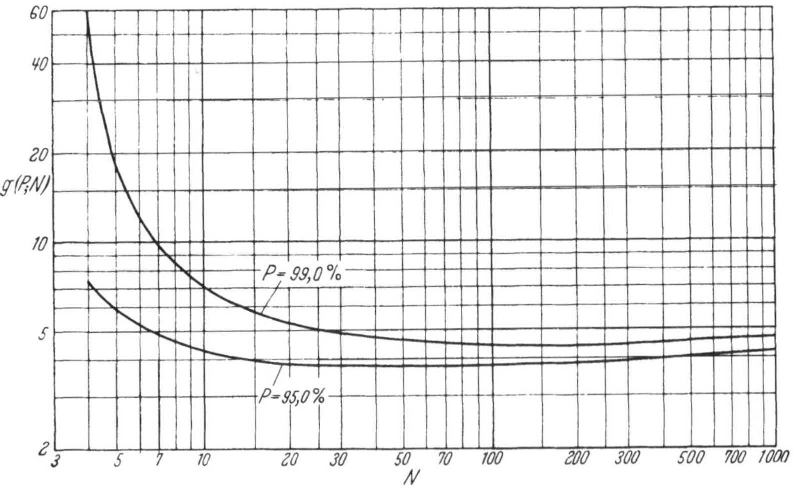

Abb. 15. Ausreißerschranke $g(P, N)$ für $P = 95^0/_0$ (nach GRAF u. HENNING 1952 A) und für $P = 99^0/_0$ (nach GOTTSCHALK u. DEHMEL) in Abhängigkeit von der Zahl der Meßwerte N

zufällig mehr streut als die anderen Messungen oder ob es sich um einen „Ausreißer" handelt, den man bei der Auswertung der Meßergebnisse streichen darf.

Zur Beantwortung dieser Frage berechnet man nach GRAF u. HENNING (1952A) aus den gemessenen Werten *ohne* den ausreißerverdächtigen Wert x_{N+1} das Mittel $\bar{x}$ und die Standardabweichung s. Handelt es sich um einen nur zufällig stärker streuenden Wert x_{N+1}, so muß dieser innerhalb des Bereiches $\bar{x} \pm g(P, N) \cdot s$ liegen. Diese Toleranzgrenze $g(P, N) \cdot s$ bezeichnet man als die *Ausreißerschranke.* Der Meßwert x_{N+1} darf erst als Ausreißer angesehen werden, wenn

$$x_{N+1} \gtrless \bar{x} \pm g(P, N) \cdot s. \tag{3.11}$$

Der Faktor $g(P, N)$ ergibt sich aus Abb. 15 entsprechend der geforderten statistischen Sicherheit und der Anzahl der Messungen ohne den mutmaßlichen Ausreißer. $g(P, N)$ besitzt für wenige Meßwerte einen großen Wert, weil sich in diesem Falle ein Ausreißer nur unsicher nachweisen läßt. Zwischen 20—100 Messungen durchläuft $g(P, N)$ ein flaches Minimum und steigt dann wieder etwas an, denn unter einer sehr großen Zahl von Meßwerten ist ein abweichender Wert eher zu erwarten als bei wenigen Meßwerten. Das angegebene Prüfverfahren läßt sich anwenden auf Serien, die aus 4—1000 Messungen bestehen, d.h., auf fast alle Fälle, wie sie in der Praxis vorkommen.

[3.13] Zur Prüfung der Anregungskonstanz eines Funkenerzeugers wurde die gleiche Stahlprobe zwanzigmal abgefunkt (siehe hierzu H. Kaiser). Beim Ausmessen unter dem Schnellphotometer ergaben sich folgende Schwärzungsdifferenzen ΔS (Meßwerte auf der S-Skala des Schnellphotometers von VEB C. Zeiß Jena):

Nr.	ΔS	Nr.	ΔS	Nr.	ΔS	Nr.	ΔS
1	12,9	6	13,4	11	13,4	16	13,6
2	13,8	7	13,0	12	14,8	17	14,2
3	14,8	8	13,8	13	13,5	18	12,5
4	11,4	9	13,4	14	14,0	19	14,8
5	14,5	10	13,7	15	14,1	20	13,3

Der Meßwert $x_4 = 11,4$ weicht etwas stärker nach unten ab und ist ausreißerverdächtig.

Zum Durchführen des Ausreißernachweises berechnet man den Mittelwert und nach Gl. 3.01 die Standardabweichung. Man findet (ohne Berücksichtigung von x_4!) $\bar{x} = 13,76$ und $s = 0,66$. Bei $P = 95\%$ und $N = 19$ Messungen wird die Ausreißergrenze (Abb. 15) $\bar{x} \pm g(P, N) = 13,76 \pm 3,9 \cdot 0,66 = 13,76 \pm 2,57$. Der ausreißverdächtige Wert x_4 liegt innerhalb dieser Grenze ($x_4 = 11,4 > 13,76 -$ $- 2,57 = 11,19$). Damit ist er als nur zufällig stärker streuender Meßwert nachgewiesen, er darf bei der Auswertung des Versuches nicht fortgelassen werden.

Zum Ausreißernachweis in sehr kurzen Meßserien ist das beschriebene Verfahren nicht mehr geeignet. Umfaßt eine Serie weniger als fünf Meßwerte, so greift man zweckmäßig auf den bei Dean u. Dixon angegebenen Q-Test zurück.

4. Statistische Prüfverfahren

Für die Lösung eines bestimmten analytischen Problems stehen dem Analytiker oft mehrere Möglichkeiten offen. Bei der Auswahl des Verfahrens wird er sich von verschiedenen Gesichtspunkten leiten lassen, wie z.B. der erreichbaren Reproduzierbarkeit, der Art der Proben, des erforderlichen Zeitbedarfs usw. Die Entscheidung für eine bestimmte Methode kann oft erhebliche finanzielle Investitionen nach sich ziehen, z.B. durch die Anschaffung einer teuren Apparatur. Es ist also verständlich, daß man die Frage nach dem Nutzen — etwa der geringeren Streuung — des neuen Analysenverfahrens „objektiv" und unabhängig von persönlichen Neigungen oder Abneigungen beantwortet wissen möchte.

Ähnliche Situationen können entstehen bei der Beurteilung von Meßwerten. Zwei Analytiker, die unabhängig voneinander die gleiche Probe untersuchen, werden meist zu etwas unterschiedlichen Resultaten gelangen. Ob diese Werte nur durch den unvermeidlichen Zufallsfehler differieren oder ob zusätzliche systematische Einflüsse im Spiele sein können, wird meist auf Grund subjektiver Erfahrungen abgeschätzt. Es nimmt dann nicht wunder, daß die gleichen Ergebnisse von verschiedenen Personen unterschiedlich beurteilt werden.

Die angestrebte „objektive" Beantwortung solcher und ähnlicher Fragen ist möglich mit Hilfe statistischer Prüfverfahren bei einer vereinbarten statistischen Sicherheit. Die Wahl dieser statistischen Sicherheit ist eine Sache der gegenseitigen Übereinkunft, sie wird sich unter anderem danach richten, welche Folgen eine eventuelle Fehlentscheidung nach sich ziehen kann. Falsche Gehaltsangaben eines Arzneimittels können sich z.B. schwerwiegender auswirken als fehlerhaft deklarierte Reinheitsgrade einer im Laboratorium verwendeten Chemikalie. Man muß·deshalb im ersten Fall eine höhere Sicherheit vorsehen als im zweiten. Für den allgemeinen Gebrauch hält man sich oft an folgende drei Regeln:

1. Läßt sich der geprüfte Unterschied (z.B. Differenz zweier Mittelwerte) mit $P = 99\,^0/_0$ statistischer Sicherheit (oder mehr) nachweisen, so gilt er als gesichert.

2. Läßt sich der geprüfte Unterschied mit $P = 95\,^0/_0$ statistischer Sicherheit (oder weniger) feststellen, dann sieht man ihn als nicht beweiskräftig bzw. als zufällig an.

3. Einen gesicherten Unterschied darf man in Erwägung ziehen, wenn die statistische Sicherheit der Aussage zwischen $P = 95\,^0/_0$ und $P = 99\,^0/_0$ liegt. Durch Hinzunahme weiterer Meßwerte kann man häufig eine Klärung der Situation erreichen. Ist dies aus irgendwelchen Gründen nicht möglich, so entscheidet man sich für die ungünstigere Interpretation der Werte.

Diese drei Regeln werden im folgenden benutzt, es sei jedoch nochmals ausdrücklich betont, daß auch andere statistische Sicherheiten ihre Berechtigung besitzen.

Es kann vorkommen, daß man auf Grund subjektiver Erfahrung einen nur als zufällig nachgewiesenen Unterschied doch für bedeutsam hält. Zum Erhärten dieser Annahme muß man dann weitere Analysenwerte heranziehen. Je mehr Werte verfügbar sind, um so kleinere Unterschiede lassen sich gesichert nachweisen. Keinesfalls sollte man sich verleiten lassen, im Zweifelsfalle an Stelle der exakten Angabe eine gefühlsmäßige Abschätzung zu setzen.

4.1 Vergleich von Standardabweichungen

4.11 Vergleich zweier Standardabweichungen (F-Prüfung). Zum Vergleich zweier Standardabweichungen s_1 und s_2 bildet man das Verhältnis der Varianzen (vgl. S. 26)

$$F = \frac{s_1^2}{s_2^2}. \tag{4.01}$$

Der Wert dieses Bruches muß stets größer als Eins sein, d.h., die größere Standardabweichung steht im Zähler des Bruches (Ausnahme siehe 4.22). Den berechneten Quotienten F stellt man einer tabellierten Prüfgröße gegenüber (Tab. 4, S. 83 u. 84). Diese hängt ab

1. Von der geforderten statistischen Sicherheit P,
2. Von der mit s_1 verknüpften Anzahl von Freiheitsgraden n_1,
3. Von der mit s_2 verknüpften Anzahl von Freiheitsgraden n_2.

Zwischen den untersuchten Standardabweichungen s_1 und s_2 sind Unterschiede nur dann gesichert, wenn $F > F(P, n_1, n_2)$.

[4.01] Zum Vergleich zweier Funkenerzeuger wurde die Anregungskonstanz dieser Geräte an je einer Stahlprobe und einer Aluminiumlegierung festgestellt (L. Doerffel u. Leutwein). Aus den je 20 gemessenen Schwärzungsdifferenzen von Analysen- und Bezugslinie wurde nach Gl. 3.01 die Standardabweichung bestimmt. Dabei ergaben sich folgende Werte:

Probe	Funkenerzeuger	
	1	2
Stahl	$s_1 = 0{,}24$	$s_2 = 0{,}08$
Leichtmetall	$s_1' = 0{,}48$	$s_2' = 0{,}35$

Zur Prüfung, ob der zweite Funkenerzeuger gesichert die besser reproduzierbaren Analysenwerte liefert, berechnet man nach Gl. 4.01 die Quotienten

$$F = \frac{s_1^2}{s_2^2} \quad \text{mit } n_1 = n_2 = 19 \text{ FG}.$$

Man erhält dabei für Stahl $F = 9{,}00$ und für Leichtmetall $F = 1{,}88$. Durch Interpolation erhält man für die angegebene Zahl von Freiheitsgraden $F(P, n_1, n_2) = 2{,}16$ (für $P = 95^0/_0$) und $F(P, n_1, n_2) = 3{,}02$ (für $P = 99^0/_0$). Damit ist die Überlegenheit des zweiten Funkenerzeugers für die Stahlanalyse gesichert ($9{,}00 > 3{,}02$), während bei der Leichtmetallanalyse der Reproduzierbarkeitsunterschied nur zufälliger Natur ist ($1{,}88 < 2{,}16$).

Abb. 16 zeigt, welch hohe Werte für das Verhältnis s_1^2/s_2^2 gefordert werden, ehe man einen gesicherten Unterschied überhaupt erst in Erwägung ziehen darf. Bei zwei Serien mit $n_1 = n_2 = 3$ Freiheitsgraden muß die eine Standardabweichung dreimal so groß sein wie die andere, und selbst bei $n_1 = n_2 = 12$ Freiheitsgraden müssen sich die beiden Standardabweichungen etwa wie $\sqrt{3}/1$ verhalten. Gesichert im Sinne der gegebenen Regeln ist dieser Unterschied erst, wenn die eine Standardabweichung gegenüber der anderen ungefähr zweifach größer ist. Die Reproduzierbarkeit zweier Verfahren läßt sich aus kurzen Analysenserien nur bei sehr großen Unterschieden vergleichen, derartigen Untersuchungen müssen deshalb genügend Meßwerte zugrunde gelegt werden. Abb. 16 zeigt weiterhin, daß der Einfluß von n_2 auf die Nachweisempfindlichkeit stärker ausgeprägt ist als der Einfluß von n_1. Das bedeutet, daß man vor

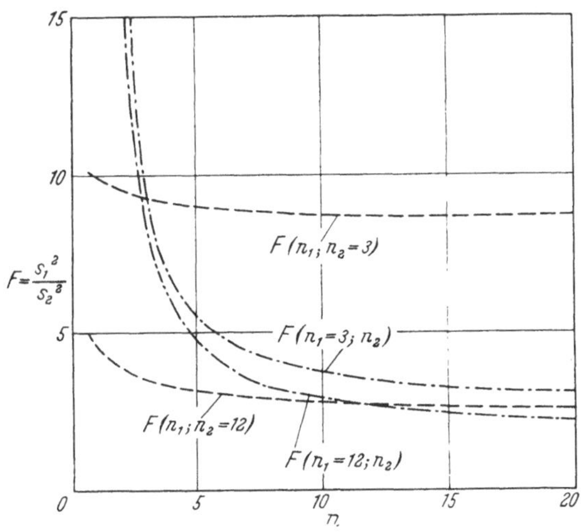

Abb. 16. $F(P, n_1, n_2)$ in Abhängigkeit vom Freiheitsgrad n_1 (— — — —) bzw. vom Freiheitsgrad n_2 (— · — · —) für $P = 95\%$

allem für die kleinere Standardabweichung möglichst viele Meßwerte heranziehen muß.

Als Sonderfall kann es eintreten, daß man die Abweichung einer Streuung von ihrem theoretischen Wert prüfen will. Beispielsweise ist die Standardabweichung σ eines Analysenverfahrens von früheren Untersuchungen bekannt. Bei gerade laufenden Messungen ergab sich ein zahlenmäßig etwas größerer Schätzwert s. Es interessiert, ob sich zwischen beiden ein Unterschied nachweisen läßt. Hierzu bildet man in der üblichen Weise das Verhältnis der Varianzen

$$F = \frac{s^2}{\sigma^2} \qquad (4.02)$$

($F > 1$) und stellt den berechneten Wert der tabellierten Größe $F(P, n_1, n_2)$ bei $n_2 = \infty$ und n_1 Freiheitsgraden gegenüber. Gesicherte Unterschiede zwischen beiden Größen sind nachgewiesen, wenn wie üblich $F > F(P, n_1, n_2)$.

Ist von der einen Serie nur jeweils ein Meßwert verfügbar, so lassen sich die Reproduzierbarkeiten indirekt nach einem von MAURICE u. WIGGERS angegebenen Weg bewerten.

4.12 Vergleich von mehr als zwei Standardabweichungen (χ^2-Prüfung).
Will man die Reproduzierbarkeit von mehr als zwei Verfahren vergleichen,
so wendet man nach Bartlett die χ^2-Prüfung an. Dieses Prüfverfahren
liefert — analog der F-Prüfung — die Aussage, ob alle fraglichen Standardabweichungen vergleichbar (homogen) sind oder ob Standardabweichungen auftreten, deren Betrag außerhalb der durch den Zufallsfehler gezogenen Grenze liegt. Für diese Prüfung bildet man den Ausdruck

$$\chi^2 = 2{,}303 \left(n_g \cdot \lg s^2 - \sum n_j \cdot \lg s_j^2 \right) \qquad (4.03)$$

n_g = Zahl aller Freiheitsgrade;
s = Standardabweichung gemäß Gl. 3.03;
n_j = Zahl der Freiheitsgrade in der j-ten Gruppe; $(n_j > 2)$;
s_j = Standardabweichung in der j-ten Gruppe.

Diese Größe vergleicht man in der üblichen Art mit dem tabellierten
$\chi^2(P, n)$ (Tab. 5, S. 85). Die Zahl der Freiheitsgrade ergibt sich hier aus
den vorliegenden Meßserien M mit $n = M - 1$. Inhomogenität der untersuchten Standardabweichungen ist nur dann gesichert nachgewiesen,
wenn $\chi^2 > \chi^2(P, n)$.

Der nach Gl. 4.03 berechnete Wert fällt stets etwas zu hoch aus.
Wenn er den Wert $\chi^2(P, n)$ nur um einen geringen Betrag überschreitet,
korrigiert man χ^2 nach

$$\chi^{*2} = \frac{\chi^2}{C} \qquad (4.04)$$

und führt den Vergleich erneut durch. Die Konstante C erhält man aus

$$C = \frac{\left(\sum \dfrac{1}{n_j} \right) - \dfrac{1}{n_g}}{3\,(M - 1)} + 1 \qquad (4.05)$$

M = Zahl der Meßserien;
n_j = Zahl der Freiheitsgrade der j-ten Gruppe;
n_g = Zahl aller Freiheitsgrade.

Erst wenn $\chi^{*2} > \chi^2(P, n)$, treten zwischen den einzelnen Standardabweichungen gesicherte Unterschiede auf.

[4.02] Von einem Silicat wurden Proben an drei verschiedene Laboratorien
gegeben. Es sollte festgestellt werden, ob die Streuung der Analysenergebnisse bei
allen Laboratorien vergleichbar ist. Bei der Bestimmung von SiO_2 ergeben sich
folgende Werte (Prozent SiO_2):

Laboratorium 1	Laboratorium 2	Laboratorium 3
64,89	65,88	67,12
65,04	66,06	67,51
65,44	65,80	67,39
65,13	65,92	67,21
		67,48

Nach geeigneter Transformation jeder einzelnen Meßreihe erhält man

Laboratorium 1	Laboratorium 2	Laboratorium 3
− 15	− 4	− 27
0	+ 14	+ 12
+ 40	− 12	0
+ 9	0	− 18
		+ 9

Die weitere Rechnung nach Gl. 4.03 ergibt sich aus folgendem Schema:

Lab.	s_j^2	n_j	$n_j \cdot s_j^2$	$\lg s_j^2$	$n_j \cdot \lg s_j^2$
1	539,0	3	1617	2,73159	8,19477
2	118,3	3	355	2,07298	6,21894
3	290,8	4	1163	2,46359	9,85436
		10	3135		24,26807

$$S^2 = \frac{3135}{10} = 313,5 \qquad \lg S^2 = 2,49624$$

$$10 \lg S^2 = 24,96240$$

Damit wird

$$\chi^2 = 2,303 \, (24,96240 - 24,26807) = 1,59904 \approx 1,60.$$

Bei $n = M - 1 = 2$ Freiheitsgraden ist $\chi^2(P, n) = 5,99$ ($P = 95^0/_0$). Trotz der bei Laboratorium 1 recht stark streuenden Werte läßt sich noch kein gesicherter Unterschied zwischen den aufgetretenen Zufallsfehlern nachweisen.

Damit ist die χ^2-Prüfung zwar abgeschlossen, als Rechenbeispiel möge jedoch noch die Prüfung mit χ^{*2} gezeigt werden. Nach Gl. 4.04 und 4.05 wird

$$C = \frac{11/12 - 1/10}{3 \cdot 2} + 1 = 1,136$$

$$\chi^{*2} = \chi^2/C = 1,60/1,136 = 1,41.$$

Auch hier ist wieder $\chi^2(P, n) > \chi^{*2}$, es lassen sich also keine gesicherten Unterschiede nachweisen.

4.2 Vergleich von Mittelwerten

4.21 Vergleich zweier Mittelwerte (t-Prüfung). Gegeben sind zwei Mittelwerte $\bar{x}_1$ und $\bar{x}_2$, die aus zwei Meßserien mit N_1 bzw. N_2-Messungen entstanden sind. Innerhalb jeder dieser Meßserien ist der Zufallsfehler ungefähr gleich groß. (In Zweifelsfällen kann man dies mit der *F*-Prüfung untersuchen. Bei gesichertem Unterschied dürfen die beiden Mittelwerte nicht verglichen werden.) Die beiden Mittelwerte unterscheiden sich um einen kleinen Betrag. Es soll geprüft werden, ob diese Differenz lediglich auf den Zufallsfehler zurückzuführen ist oder ob sie durch den Einfluß eines systematischen Fehlers verursacht wird. Man bestimmt hierzu für den innerhalb der beiden Meßserien aufgetretenen Zufallsfehler die Standardabweichung nach Gl. 3.03

$$s = \sqrt{\frac{\Sigma(x_{i1} - \bar{x}_1)^2 + \Sigma(x_{i2} - \bar{x}_2)^2}{N_1 + N_2 - 2}}$$

und daraus bei vorgegebener statistischer Sicherheit P mit $n = N_1 + N_2 - 2$ Freiheitsgraden den Vertrauensbereich

$$\Delta \bar{x} = t(P, n) \cdot s_M = \frac{t(P, n) \cdot s}{\sqrt{N_1 \cdot N_2 / (N_1 + N_2)}} \, . \qquad (4.06)$$

Ein Unterschied zwischen beiden Mittelwerten — d.h. das Auftreten eines systematischen Fehlers in mindestens einer der beiden Serien — ist dann gesichert, wenn

$$|\bar{x}_1 - \bar{x}_2| > \Delta x \, .$$

Meist wird diese Prüfung in etwas abgeänderter Form durchgeführt. Man berechnet

$$t = \frac{|\bar{x}_1 - \bar{x}_2|}{s} \sqrt{\frac{N_1 N_2}{N_1 + N_2}} \qquad (4.07)$$

mit $n = N_1 + N_2 - 2$ Freiheitsgraden.

Den erhaltenen Wert vergleicht man mit $t(P, n)$ bei der angegebenen Zahl von Freiheitsgraden (Tab. 5, S. 85). Der Unterschied $|\bar{x}_1 - \bar{x}|$ ist gesichert, wenn $t > t(P, n)$ ist. Liegt den beiden betrachteten Meßserien die gleiche Anzahl von Werten zugrunde, so ist $N_1 = N_2 = N$. Gl. 4.07 vereinfacht sich dann zu

$$t = \frac{|\bar{x}_1 - \bar{x}_2|}{s} \sqrt{\frac{N}{2}} \, . \qquad (4.071)$$

[4.03] Bei der mikroanalytischen CH-Bestimmung fanden zwei verschiedene Analytiker folgende Gehalte an Wasserstoff in der gleichen organischen Substanz (in Gewichtsprozenten):

Analytiker	
1	2
15,69	15,76
15,67	15,81
15,71	15,74
15,74	15,75
	15,79
$\bar{x}_1 = 15{,}703$	$\bar{x}_2 = 15{,}770$

Es soll geprüft werden, ob die beiden Mittelwerte innerhalb des Versuchsfehlers übereinstimmen. Zum Vereinfachen der Zahlenrechnung transformiert man nach $X = 100 x - 1570$. Man erhält:

Analytiker	
1	2
-1	$+6$
-3	$+11$
$+1$	$+4$
$+4$	$+5$
	$+9$
$\bar{X}_1 = +0{,}25$	$\bar{X}_2 = +7{,}00$

$$\Sigma(X_{i1} - \bar{X}_1)^2 = 1^2 + 3^2 + 1^2 + 4^2 - \frac{1^2}{4} \approx 27$$

$$\Sigma(X_{i2} - \bar{X}_2)^2 = 6^2 + 11^2 + 4^2 + 5^2 + 9^2 - \frac{35^2}{5} = 34$$

$$s = \sqrt{\frac{27 + 34}{4 + 5 - 2}} = 2{,}95$$

$$t = \frac{|\,0{,}25 - 7{,}00\,|}{2{,}95} \sqrt{\frac{4 \cdot 5}{4 + 5}} = 3{,}41$$

$$t\,(P, n) = 2{,}37 \ (\text{bei } P = 95^0/_0)$$

$$t\,(P, n) = 3{,}50 \ (\text{bei } P = 99^0/_0).$$

t überschreitet zwar den Wert von $t(P, n)$ für $P = 95^0/_0$, nicht aber für $P = 99^0/_0$. Damit ist nach den anfangs gegebenen Regeln ein gesicherter Unterschied nicht nachweisbar, man wird sich also zunächst für den ungünstigeren Fall entscheiden und die beiden Mittelwerte als nicht übereinstimmend ansehen. Das bedeutet, daß bei mindestens einem der beiden Analytiker ein systematischer Fehler aufgetreten ist.

Der Nachweis des unrichtigen Wertes ist hier verhältnismäßig einfach, da der theoretische Gehalt $\mu = 15{,}73^0/_0$ H der Verbindung bekannt war. Mit der oben angegebenen Transformation berechnet man nach Gl. 3.10

$$t_1 = \frac{|\,0{,}25 - 3{,}00\,|}{3{,}00} \sqrt{4} = 1{,}84$$

$$t_2 = \frac{|\,7{,}00 - 3{,}00\,|}{2{,}92} \sqrt{5} = 3{,}06$$

und vergleicht mit $t(P, n)$ bei $n_1 = 3$ bzw. $n_2 = 4$ Freiheitsgraden. Bei $P = 95^0/_0$ ergibt sich, daß $t_1 < t(P, n_1)$ und $t_2 > t(P, n_2)$. Die Abweichung vom theoretischen Wert ist bei Analytiker 1 nur zufälliger Natur, während man bei Analytiker 2 einen systematischen Fehler in Betracht ziehen muß.

Da in [4.03] der theoretische Wert bekannt war, stellt dieses Beispiel einen besonders günstigen Fall dar für die Aufdeckung der fehlerhaften Analysenserie. Wenn die Prüfung nicht auf diese Weise möglich ist, dann muß man die Entscheidung an Hand einer dritten, unabhängig gewonnenen Analysenserie fällen.

4.22 Vergleich mehrerer Mittelwerte (einfache Varianzanalyse). Die Differenz zwischen zwei Mittelwerten wurde in 4.21 beurteilt an Hand des Versuchsfehlers, der innerhalb der beiden Meßserien auftrat. Diese

Streuung „innerhalb der Serien" benutzt man in gleicher Weise zur Prüfung von M Mittelwerten ($M > 2$). Sie wird hier durch das Symbol s_2 gekennzeichnet. Man stellt ihr gegenüber die Streuung der M Serienmittelwerte $\bar{x}_j$ um den Gesamtmittelwert $\bar{\bar{x}}$, die Streuung „zwischen den Serien" s_1. Beide Größen sind nur zufällig voneinander verschieden, solange der Versuchsfehler s_2 die einzige Variabilitätsursache der Meßwerte darstellt. Man sagt dann mit R. A. Fisher, die „Nullhypothese ist erfüllt". Sind zusätzlich zum Versuchsfehler weitere Einflüsse wirksam, die sich von Serie zu Serie verändern, dann vergrößert sich s_1. Wenn man diesen zusätzlichen Fehler mit $s*$ bezeichnet, so wird bei N_j Bestimmungen in jeder Serie

$$s_1^2 = s_2^2 + N_j\, s*^2. \tag{4.08}$$

Die Nullhypothese „ist dann zu verwerfen", und man muß die einzelnen Mittelwerte als nicht übereinstimmend ansehen. Sie sind paarweise auf bestehende Unterschiede zu prüfen.

Dieses hier dem Prinzip nach angedeutete Prüfverfahren bezeichnet man als *einfache Varianzanalyse*, da es die Gesamtstreuung der Meßwerte in den Versuchsfehler und eine weitere Komponente zerlegt. Voraussetzung für diese einfache Varianzanalyse ist, daß der Zufallsfehler in allen Meßserien gleich groß ist. Das untersucht man mit der χ^2-Prüfung (vgl. 4.12). Findet man gesichert unterschiedliche Reproduzierbarkeiten, so muß man die Ergebnisse in Gruppen mit ähnlich großem Zufallsfehler zusammenfassen.

Die zur Varianzanalyse benötigten Größen (Quadratsummen, Freiheitsgrade, Varianzen) berechnet man nach folgendem Schema:

Ursache	Quadratsummen	Freiheitsgrade	Varianzen
Streuung zwischen den Serien	$QS_1 = \Sigma N_j\,(\bar{x}_j - \bar{\bar{x}})^2$	$n_1 = M - 1$	$s_1^2 = \dfrac{QS_1}{n_1}$
Streuung innerhalb der Serien (= Versuchsfehler)	$QS_2 = \Sigma\Sigma(x_{ij} - \bar{x}_j)^2$	$n_2 = N - M$	$s_2^2 = \dfrac{QS_2}{n_2}$
Gesamtstreuung	$QS = QS_1 + QS_2 = $ $= \Sigma(x_{ij} - \bar{\bar{x}})^2$	$n = n_1 + n_2 = $ $= N - 1$	

Die Prüfung der Nullhypothese erfolgt nach Gl. 4.01, wobei die Varianz „zwischen den Serien" (s_1^2) stets im Zähler des Bruches steht. Ist die Nullhypothese erfüllt [$F < F(P, n_1, n_2)$], so sind die untersuchten Mittelwerte als nur zufällig verschieden anzusehen und die Rechnung ist abgeschlossen. Muß die Nullhypothese jedoch verworfen werden [$F > F(P, n_1, n_2)$], so schließt man die paarweise Prüfung der Serienmittelwerte durch den Duncan-Test an. Hierzu ordnet man die Mittelwerte nach abnehmender Größe und numeriert sie fortlaufend mit $p = 1, 2, 3, \ldots$ Die Differenz zwischen irgend zwei Mittelwerten $\bar{x}_k$ und $\bar{x}_l$ $(\bar{x}_k > \bar{x}_l)$ gilt als gesichert, wenn

$$\frac{\bar{x}_k - \bar{x}_l}{s_2} \sqrt{\frac{2 \cdot N_k \cdot N_l}{N_k + N_l}} > q(P, p, n_2) \qquad (4.09)$$

$q(P, p, n_2)$ ist Tab. 6 (S. 86 und 87) zu entnehmen[1].

Aus den der Varianzanalyse zugrunde liegenden Meßwerten kann man natürlich auch den Vertrauensbereich des Mittelwertes $\bar{\bar{x}}$ ableiten. Bei Gültigkeit der Nullhypothese $[F < F(P, n_1, n_2)]$ benutzt man hierfür in üblicher Weise Gl. 3.08, wobei man s aus der Gesamtstreuung berechnet. Bestehen zwischen den Serien gesicherte Unterschiede, so ist dem Vertrauensbereich die Streuung „zwischen den Serien" zugrunde zu legen. Man erhält dann

$$\Delta \bar{\bar{x}} = \frac{t(P, n_1) \cdot s_1}{\sqrt{N}} . \qquad (4.10)$$

Analog ergibt sich im gleichen Fall der Vertrauensbereich eines Serienmittelwertes aus N_j Messungen zu

$$\Delta \bar{x}_j = \frac{t(P, n_1) \cdot s_1}{\sqrt{N_j}} . \qquad (4.11)$$

[4.04] Zur Bestimmung des Aluminiumoxids wurde eine Silicatprobe an vier Laboratorien übersandt. Die Analyse sollte nach einem angegebenen einheitlichen Verfahren erfolgen. Man erhielt folgende Werte (Prozent Al_2O_3):

Laboratorium	1	2	3	4
	27,56	26,58	28,61	28,09
	27,35	27,26	28,80	27,95
	27,11	28,01	28,52	27,74
			28,64	
Mittelwerte	27,34	27,28	28,64	27,93

Zum Vereinfachen der Rechnung transformiert man diese Werte nach $X = 100\,x - 2700$.

Laboratorium	1	2	3	4	
	56	-42	161	109	
	35	26	180	95	
	11	101	152	74	
			164		
Summen	102	85	657	278	1122
Mittelwerte	34	28	164	93	

---

[1] Gegenüber dem bisher üblichen multiplen t-Test bietet dieses Prüfverfahren theoretische und praktische Vorteile, vgl. WEBER (1960).

χ^2-Prüfung (entsprechend 4.12)

$$\chi^2 = 2{,}303 \,(n_g \cdot \lg s^2 - \Sigma n_j \lg s_j^2) = 9{,}21; \quad \chi^{*2} = 7{,}74.$$

Mit $P = 95\%$ und $n = 3$ Freiheitsgraden wird $\chi^2(P, n) = 7{,}82$. Da $\chi^{*2} < \chi^2(P, n)$, dürfen die Serien verglichen werden.

Berechnen der einzelnen Quadratsummen

1. Streuung „zwischen den Laboratorien"

$$QS_1 = \frac{102^2}{3} + \frac{85^2}{3} + \frac{657^2}{4} + \frac{278^2}{3} - \frac{1122^2}{13}$$

$$= 42\,713 \text{ (mit } n_1 = 3 \text{ Freiheitsgraden)}.$$

2. Streuung „innerhalb der Laboratorien"[1]

$$QS_2 = 56^2 + 35^2 + 11^2 - \frac{102^2}{3} + 42^2 + \ldots - \frac{278^2}{3}$$

$$= 12\,276 \text{ (mit } n_2 = 9 \text{ Freiheitsgraden)}.$$

3. Streuung „gesamt"

$$QS = 56^2 + 35^2 + 11^2 + 42^2 + \ldots - \frac{1122^2}{13}$$

$$= 54\,989 \text{ (mit } n = 12 \text{ Freiheitsgraden)}.$$

Zusammenfassung

Ursache	Quadr.-Summe	FG	Varianz
Streuung zwischen den Laboratorien	42713	3	14237
Streuung innerhalb der Laboratorien	12276	9	1364
Streuung gesamt	54989	12	—

Nullhypothese

$$F = \frac{14237}{1364} = 10{,}43$$

Mit $P = 99\%$ und $n_1 = 3$ und $n_2 = 9$ Freiheitsgraden wird $F(P, n_1, n_2) = 6{,}99$, damit ist die Nullhypothese zu verwerfen.

Paarweise Prüfung (nach Gl. 4.09)

Man ordnet die Mittelwerte nach abnehmender Größe und numeriert sie fortlaufend:

X_j	$\bar{X}_3 = 164$	$\bar{X}_4 = 93$	$\bar{X}_1 = 34$	$\bar{X}_2 = 28$
N_j	4	3	3	3
p	1	2	3	4

Zur Prüfung von $\bar{X}_3$ gegen $\bar{X}_1$ erhält man z. B.

$$q = \frac{164 - 34}{\sqrt{1364}} \, \sqrt{\frac{2 \cdot 4 \cdot 3}{4 + 3}} = 6{,}52.$$

Für $P = 95\%$, $p = 3$ und $n_2 = 9$ Freiheitsgrade wird nach Tab. 6.1 $q(P, p, n_2) = 3{,}34$. Da $q > q(P, p, n_2)$, dürfen die beiden Mittelwerte als nicht übereinstimmend angesehen werden. Analog erhält man bei der Prüfung von $\bar{X}_4$ gegen $\bar{X}_1$

$$q = \frac{93 - 34}{\sqrt{1364}} \, \sqrt{\frac{2 \cdot 3 \cdot 3}{3 + 3}} = 2{,}77.$$

---

[1] Zum Vermeiden von Rundungsfehlern berechnet man nach

$$\Sigma N_j \,(\bar{x}_j - \bar{\bar{x}})^2 = \Sigma \frac{(\Sigma x_i)^2}{N_j} - \frac{(\Sigma \Sigma x_i)^2}{N}$$

Da jetzt in der Reihe der Mittelwerte $X_4 = 93$ den größten Mittelwert mit $p = 1$ darstellt, wird mit $P = 95\%$, $p = 2$ und $n_2 = 9$ Freiheitsgraden $q(P, p, n_2) = 3{,}20$. Wegen $q < q(P, p, n_2)$, sind die beiden Mittelwerte nur als zufällig verschieden anzusehen.

Wenn man die Prüfung in der beschriebenen Weise für sämtliche Laboratorien durchführt, so erhält man folgendes Schema ($+$ = mehr als zufällig nachgewiesener Unterschied, 0 = zufälliger Unterschied):

Laboratorium	2	3	4
1	0	$+$	0
2		$+$	0
3			$+$

Bei Laboratorium 3 darf man einen systematischen Fehler annehmen, da der gefundene Wert mehr als zufällig von den Resultaten der anderen Laboratorien abweicht. Dagegen trägt die Abweichung bei Laboratorium 4 gegenüber Laboratorium 1 und 2 trotz des augenscheinlich hohen Wertes nur zufälligen Charakter. Die Werte von Laboratorium 2 streuen besonders stark. Dies erhöht den Versuchsfehler und vermindert die Empfindlichkeit des gegenseitigen Vergleiches. Es wäre zweckmäßig, wenn in Laboratorium 2 die Methodik überprüft würde. Die Auswertung des Versuches würde sich vereinfachen bei symmetrischer Anlage, d. h. jedes Laboratorium steuert die gleiche Anzahl von Werten bei.

Versuche, bei denen mehrere Mittelwerte miteinander verglichen werden sollen, wird man von vornherein möglichst günstig anzulegen trachten. Nach Gl. 4.10 wird

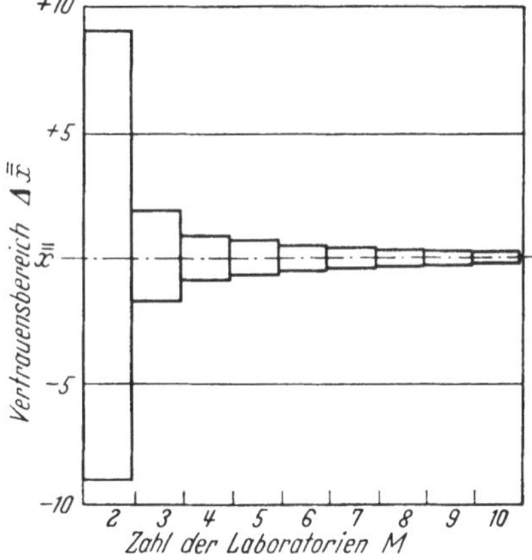

Abb. 17. Vertrauensbereich des gemeinschaftlich erarbeiteten Mittelwertes $\bar{\bar{x}}$ bei Beteiligung von M Laboratorien (für $P = 95\%$)

der Vertrauensbereich des Gesamtmittelwertes besonders stark beeinflußt durch die Zahl der einzelnen Serien M. Gl. 4.10 kann man umformen zu

$$\Delta \bar{\bar{x}} = \frac{t(P, n_1) \sqrt{\dfrac{N_j \Sigma (\bar{x} - \bar{\bar{x}})^2}{M - 1}}}{\sqrt{N}} = \frac{t(P, n_1) \sqrt{\Sigma (\bar{x}_j - \bar{\bar{x}})^2}}{\sqrt{M (M - 1)}} \; .$$

Für $P = 95\%$ und mit $\Sigma (\bar{x}_j - \bar{\bar{x}})^2 = 1$ zeigt Abb. 17 die Abhängigkeit des Vertrauensbereiches $\Delta \bar{\bar{x}}$ von der Zahl der Meßserien. Man erkennt, daß der Unsicherheitsbereich für $\bar{\bar{x}}$ bei Beteiligung nur weniger Laboratorien recht groß ist. Man sollte deshalb solchen Vergleichen wenigstens 5—6 Serien zugrunde legen.

Die Zahl der Werte innerhalb jeder Serie ist ohne direkten Einfluß auf die Reproduzierbarkeit von $\bar{\bar{x}}$. Jedoch wird die Sicherheit der Serienmittelwerte mit steigender Zahl von Parallelbestimmungen erhöht. Ihre Zahl wird man für jeden speziellen Fall (z.B. nach der Beherrschung des Analysenverfahrens) gesondert festlegen.

Literatur: Doerffel (1961); Duncan; Linder (1951); Linder (1953); Weber (1957).

5. Der Probenahmefehler

Von einer Analysenprobe verlangt man, daß sie die Zusammensetzung des gesamten Materials repräsentiert, dem sie entnommen wurde. Fehler bei der Probenahme lassen sich durch keine noch so sorgfältig ausgeführte Analyse ungeschehen machen. Die Probleme der Probenahme werden vielfach nicht gebührend beachtet. So pflegt z. B. der Organiker zu mikroanalytischen Zwecken oder zur Schmelzpunktsbestimmung von den 100—200 g seines Präparates einige wenige Kristalle zu entnehmen. Dabei setzt er stillschweigend voraus, daß sein Präparat homogen ist und daß die genommene Probe keinerlei Verunreinigungen enthält.

Für die Probenahme haben sich aus der Erfahrung eine Reihe allgemeiner Regeln herausgebildet. Beispielsweise ist es günstiger, viele kleine als wenige große Proben zu nehmen. Je stückiger und inhomogener das Material ist, desto mehr Proben müssen gezogen werden. Aus einer großen Menge an Material nimmt man die Proben durch stufenweises Verjüngen. Dabei sollen sich die Gewichte der Proben in den einzelnen Stufen wie die Kuben der Korngrößen (Siebweiten) verhalten. Je geringer das Gewicht einer Probe ist, um so feiner muß sie aufgerieben sein. (Im allgemeinen ist das Analysengut schon wegen des leichteren Lösens feiner aufgerieben, als es zur Durchschnittsbildung erforderlich wäre.) Besonders kritisch wird die Probenahme, wenn man mit geringen Einwaagen arbeitet (Mikroanalyse, Spektralanalyse). Auch bei inhomogenen Materialien (z. B. Schmelzflüsse mit Saigerungserscheinungen) oder bei einem Gemisch aus Komponenten unterschiedlicher Dichte (z. B. Quarz mit $d \approx 3$ g/cm³ und Zinnstein mit $d \approx 7$ g/cm³) können beträchtliche Probenahmefehler auftreten.

Der Probenahmefehler läßt sich nach einem von Baule u. Benedetti-Pichler angegebenen Ausdruck abschätzen. Für ein Gemisch aus zwei Komponenten (Erz und Gangart) gilt

$$s_P = \frac{d_2 \cdot q}{100 \cdot \bar{d}\sqrt{e}} \sqrt{a^3 \cdot p \cdot (100\,d_1 - p\bar{d})} \quad {}^0\!/_0\ (\text{abs.}) \qquad (5.01)$$

s_P = Standardabweichung durch Probenahme; p = Erzgehalt des Gemisches;
d_1 = Dichte des Erzes; q = Metallgehalt des Erzes;
d_2 = Dichte der Gangart; e = Einwaage;
$\bar{d}$ = Dichte des Gemisches; a = Kantenlänge eines Teilchens.

Diese Gleichung ist unter der idealisierenden Voraussetzung abgeleitet, daß alle Teilchen der Probe gleiches Volumen besitzen. Da dies meist nicht der Fall ist, muß man das Teilchenvolumen a^3 so angeben, daß das Gewicht aller kleineren Teilchen etwa $75^0/_0$ des Gewichtes der Probe ausmacht. Ferner ist in Gl. 5.01 angenommen, daß die Zahl der Partikel in der Probe sehr groß gegen Eins ist und daß das Verjüngungsverhältnis keinen zu großen Wert besitzt. Gl. 5.01 kann man auch benutzen, wenn man die Mindesteinwaage für ein bestimmtes Verfahren beurteilen will.

[5.01] In einem armen Zinnerz sollte spektralanalytisch der Gehalt an Zinn bestimmt werden. Das Gut bestand aus einem Gemenge von Zinnstein und Gangart mit einem durchschnittlichen Gehalt von $0,5^0/_0$ SnO_2. Zur Analyse wurden etwa 5 mg aus der Bohrung einer Kohleelektrode verdampft. Da alle für Gl. 5.01 erforderlichen Größen bekannt bzw. bestimmbar sind, läßt sich der Probenahmefehler abschätzen. Es sind

Dichte des Zinnsteins	$d_1 \approx 7\ \text{g/cm}^3$	Erzgehalt des Gemisches	$p \approx 0,5^0/_0\ SnO_2$
Dichte der Gangart	$d_2 \approx 3\ \text{g/cm}^3$	Metallgehalt des Erzes	$q \approx 80^0/_0\ Sn$
Dichte des Gemisches	$d\ \approx 3\ \text{g/cm}^3$	Einwaage	$e \approx 0,005\ \text{g}$
Durchschnittliche Kantenlänge eines einzelnen Teilchens			$a \approx 0,002\ \text{cm}$

   (mikroskopisch ausgemessen).

Daraus ergibt sich

$$s_P = \frac{3 \cdot 80}{100 \cdot 3\ \sqrt{0,005}}\ \sqrt{0,002^3 \cdot 0,5\,(100 \cdot 7 - 0,5 \cdot 3)} = 0,019^0/_0\ SnO_2\ \text{(abs.)}.$$

Dieser Fehler ist — besonders im Hinblick auf die hier erreichbare Reproduzierbarkeit — genügend klein. Die geringe Einwaage macht sich also noch nicht störend bemerkbar.

Bei geeigneter Anlage des Versuches kann man den Probenahmefehler auch direkt aus den gewonnenen Analysendaten ableiten. Man hat dabei zu berücksichtigen, daß die Ergebnisse außer vom Probenahmefehler s_P auch noch durch den Analysenfehler beeinflußt werden. Um diese beiden Fehlerarten zu trennen, nimmt man von dem interessierenden Material M Proben und analysiert jede davon N_j-mal. Sieht man in der einfachen Varianzanalyse s_2 als den Analysenfehler an und s_1 als eine Größe, die sich aus Analysen- und Probenahmefehler zusammensetzt, so wird nach Gl. 4.08

$$S_P^2 = \frac{s_1^2 - s_2^2}{N_j}. \tag{5.02}$$

Bei dieser Verfahrensweise ist vorausgesetzt, daß die Parallelproben in sich homogen sind. Diese Forderung läßt sich am einfachsten verwirklichen, indem man jede einzelne Parallelprobe im ganzen löst und den Mehrfachbestimmungen aliquote Teile zugrunde legt. Außerdem muß der Versuch symmetrisch angeordnet sein, d. h., in jeder Serie müssen gleich viele Parallelproben durchgeführt werden.

[5.02] Von einem Lagermetall wurden vier Teilproben genommen. In jeder dieser Teilproben wurde nach Lösen der gesamten Probe und Aliquotieren der Gehalt an Antimon bestimmt. Es sollen Analysen- und Probenahmefehler berechnet werden. Bei der Analyse ergaben sich folgende Resultate (Prozent Sb):

Teilprobe	1	2	3	4
	14,62	14,95	14,85	15,23
	14,72	15,23	14,75	15,10
	15,05	15,17	14,60	15,40

Zum Vereinfachen der Zahlenrechnung transformiert man die Werte nach $X = 100\,x - 1480$. Man erhält

Teilprobe	1	2	3	4
	− 18	+ 15	+ 5	+ 43
	− 8	+ 43	− 5	+ 30
	+ 25	+ 37	− 20	+ 60

Varianzanalyse

Ursache	Quadr.-Summe	FG.	Varianz
Streuung zwischen den Serien	5467	3	1822
Streuung innerhalb der Serien	2217	8	277
Streuung gesamt	7684	11	—

Nullhypothese

$$F = \frac{1822}{277} = 6{,}58.$$

Mit $P = 95\%$ und $n_1 = 3$ und $n_2 = 8$ Freiheitsgraden wird $F(P, n_1, n_2) = 4{,}07$. Damit ist die Nullhypothese zu verwerfen, d. h. die Unterschiede zwischen den einzelnen Versuchsserien sind größer als der reine Analysenfehler.

Fehlerauflösung

Nach Gl. 5.02 erhält man aus den transformierten Meßwerten

$$S_P{}^2 = \frac{1822 - 277}{3} = 515$$

$$S_P = 22{,}7 \text{ (Probenahmefehler)}$$

$$S_2 = 16{,}6 \text{ (Analysenfehler)}.$$

Nach Aufheben der Transformation werden dann

$$s_P = 0{,}23\% \text{ Sb}$$

$$s_2 = 0{,}17\% \text{ Sb}.$$

Die hier durchgeführten Betrachtungen erlauben weiterhin Aussagen über die günstige Gestaltung von Analysenverfahren, falls man Analysen-

und Probenahmefehler berücksichtigt. Wenn man von der gleichen Substanz M Proben nimmt und jede Probe N_j-mal analysiert, so wird die Varianz für den erhaltenen Mittelwert (siehe 3.32)

$$s^2 = \frac{s_P^2}{M} + \frac{s_2^2}{M \cdot N_j} \, . \tag{5.03}$$

Den Probenahmefehler kann man als Vielfaches des Analysenfehlers ausdrücken, also $s_P^2 = \xi \cdot s_2^2$. Dann geht Gl. 5.03 über in

$$s^2 = \frac{s_2^2}{M} \xi + \frac{s_2^2}{M \cdot N_j} \tag{5.04}$$

$$= A\,\xi + B \, . \tag{5.041}$$

Das heißt, die Gesamtvarianz s^2 ist linear abhängig von dem Verhältnis der Teilvarianzen $\xi = s_P^2/s_2^2$. Die Konstanten A und B in Gl. 5.041 werden durch die Größen M und N_j bestimmt. Bei einer gegebenen Anzahl von Analysen $N = M \cdot N_j$ wird s^2 klein, wenn man M möglichst groß macht, d. h., wenn man von der Substanz möglichst viele Proben nimmt. Bei geeigneter Anlage des Versuches kann man eine erhöhte Reproduzierbarkeit selbst bei einer verminderten Zahl von Analysen erhalten. Statt z. B. an drei Proben der gleichen Substanz je drei Bestimmungen auszuführen ($M = 3$, $N_j = 3$, $N = 9$), zieht man zweckmäßigerweise vier Proben und analysiert jede nur zweimal ($M = 4$, $N_j = 2$, $N = 8$). Abb. 18 zeigt, daß man bei dieser Anlage des Versuches einen geringeren Zufallsfehler erhält als im ersten Falle, obwohl eine Analyse weniger erforderlich ist. Halten sich Probenahme- und Analysenfehler etwa die Waage, so kann man fünf Proben ziehen und jede Probe nur einmal analysieren. Aus Abb. 18 sieht man, daß trotz des wesentlich geringeren Arbeitsaufwandes keine Verschlechterung der Reproduzierbarkeit eintritt.

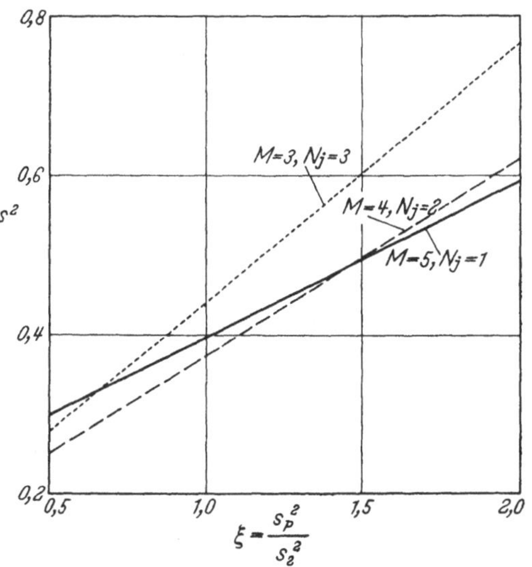

Abb. 18. $s^2 = A\,\xi + B$ für verschiedene Probenzahlen M und Mehrfachbestimmungen je Probe N_j (bei $s_2^2 = 1$)

Die hier durchgeführte Betrachtung zeigt, daß die Reproduzierbarkeit des Analysenergebnisses bei inhomogenem Material um so besser wird, je größer die Zahl der Proben ist. Eine Verminderung der Parallelbestimmungen wirkt sich häufig nicht nachteilig auf das Resultat aus. Dies steht in Übereinstimmung mit den Erfahrungen der Probenehmer, wonach viele kleine Proben günstiger sind als wenige große.

Literatur: Analyse der Metalle, Bd. 3; Matthias; Youden.

6. Kontrolle von Analysenergebnissen

Jeder Analytiker versucht, seine erhaltenen Analysenergebnisse in irgendeiner Weise zu kontrollieren, um sich über die Richtigkeit dieser Werte zu informieren. Eine Möglichkeit der Kontrolle besteht darin, daß man Kationen und Anionen bestimmt und die Resultate an Hand der formelmäßig bekannten Bruttozusammensetzung der Verbindung vergleicht. Bei Gesamtanalysen ist es vielfach üblich, die Prozentgehalte der einzelnen Komponenten zu addieren. Nach einer verbreiteten Ansicht darf diese Summe nur innerhalb der Grenzen von $99{,}5-100{,}5\%$ schwanken. (Zuweilen findet man sogar noch engere Toleranzgrenzen angegeben.) Größere Abweichungen werden auf fehlerhaftes Arbeiten zurückgeführt. Man muß sich jedoch bei einer solchen Kontrolle stets die Art der Analyse vor Augen halten. Die hier geforderte Fehlergrenze von $(100{,}0 \pm 0{,}5)\%$ ist gleichbedeutend damit, daß die Reproduzierbarkeit der Bestimmungsverfahren für jede einzelne Komponente besser als $0{,}5\%$ (rel.) ist. Das dürfte in vielen Fällen eine sehr harte und kaum erfüllbare Forderung sein. Kann man z. B. bei einer einfachen Messinganalyse eine Fehlergrenze von $(100{,}0 \pm 0{,}5)\%$ durchaus vertreten, so wird eine solche Toleranz bei einer Silicatanalyse mit $10-15$ Komponenten oft schwer erreichbar sein. Die Toleranzgrenze muß in jedem Fall entsprechend der Reproduzierbarkeit bei den einzelnen Komponenten festgelegt werden. Ein starres, allgemeingültiges Schema kann nicht gegeben werden.

Serienanalysen lassen sich durch statistische Methoden sehr wirksam überwachen entweder auf graphischem Wege durch sogenannte *Kontrollkarten* oder auch rechnerisch. Kontrollkarten benutzt man zur Überwachung sehr vieler gleichartiger Analysen, ihre Anwendung verlangt einige Vorbereitungsarbeit. Die rechnerische Kontrolle ist dann zweckmäßig, wenn man eine begrenzte Anzahl von Werten überprüfen will. Sie erfordert zwar keine Vorbereitung, dafür aber unter Umständen einen etwas höheren Arbeitsaufwand.

6.1 Kontrolle auf graphischem Wege (Kontrollkarten)

Kontrollkarten sind Formulare, in die man Meßergebnisse oder daraus abgeleitete Größen in der zeitlich erhaltenen Reihenfolge einzeichnet. Diese Eintragungen formieren sich zu einem Kurvenzug, aus dessen

Verlauf man Rückschlüsse auf die gemessene Größe ziehen kann. Zur Beurteilung von Analysenergebnissen muß man die Reproduzierbarkeit und die Richtigkeit überwachen, man benötigt also zwei getrennte, jedoch parallel laufende Kontrollkarten. Als Reproduzierbarkeitsmaß benutzt man in üblicher Weise die Standardabweichung (σ-Karte), zur Richtigkeitsprüfung analysiert man in bestimmten Abständen eine Probe bekannten Gehaltes und vergleicht den gefundenen Wert x_i mit dem vorgegebenen Wert μ ($\bar{x}$-Karte). Solange die Eintragungen innerhalb des Bereiches $\mu \pm k(P) \cdot \sigma/\sqrt{N_j}$ (N_j = Zahl der Parallelbestimmungen), den sogenannten *Kontrollgrenzen*, liegen, darf man annehmen, daß sich die Methode „unter Kontrolle" befindet. Als statistische Sicherheit wählt man hier meist $P = 99{,}7\,\%$, damit wird nach Tab. 2 (S. 31) $k(P) \approx 3$.

Die Standardabweichung berechnet man hier nicht in der üblichen Weise nach Gl. 3.03, sondern man schätzt sie aus der Differenz zwischen größtem und kleinstem Wert jeder Parallelbestimmung ab. Diese Differenz wird als *Spannweite R* bezeichnet. Es ist also

$$R = x_{\mathrm{max}} - x_{\mathrm{min}}. \tag{6.01}$$

Die Spannweite ist abhängig von der Zahl der Mehrfachbestimmungen. Deshalb ist es unbedingt erforderlich, bei jeder Probe die gleiche Anzahl von Analysen auszuführen. Unter dieser Voraussetzung darf man die von verschiedenen Proben erhaltenen Spannweiten mitteln. Man erhält bei M Proben als mittlere Spannweite

$$\bar{R} = \sum R_i / M. \tag{6.02}$$

Zwischen der mittleren Spannweite und der Standardabweichung besteht die Beziehung

$$\bar{R} = d_2 \cdot \sigma. \tag{6.03}$$

Dabei sind die Werte für d_2 der Tab. 3 zu entnehmen.

Tabelle 3. *Werte für die Faktoren d_2* (Gl. 6.03)

N_j	d_2	N_j	d_2	N_j	d_2
2	1,128	5	2,326	8	2,847
3	1,693	6	2,534	9	2,970
4	2,059	7	2,704	10	3,078

Als Kontrollgrenzen erhält man mit $P = 99{,}7\,\%$

$$G_\sigma = \pm\, 3\,\sigma = \pm\, \frac{3\,\bar{R}}{d_2}. \tag{6.04}$$

Üblicherweise wird jede Probe zweimal analysiert. Hierfür gibt es eine spezielle Art von Kontrollkarten, bei denen die Differenzen $\Delta_i = x_i' - x_i''$ (Werte stets in der erhaltenen Reihenfolge) nach Größe und Vorzeichen betrachtet werden. Das Vorzeichen dieser Differenzen kann unter Umständen Aufschluß geben über systematische Fehler (z. B. zeitlich inkonstante Färbung bei photometrischen Verfahren) oder auch über die Arbeitsweise zweier parallel arbeitender Laboranten. Als Kontrollgrenze ergibt sich

$$G_\sigma = \frac{3\,\bar{R}\,\sqrt{2}}{d_2} = \frac{3\,\Sigma\,|\Delta_i|\,\sqrt{2}}{d_2 \cdot M}\,. \tag{6.05}$$

Die Richtigkeit der Analysenwerte überprüft man, indem man in geeigneten Zeitabständen eine Probe bekannten Gehaltes μ mit Doppelbestimmungen analysieren läßt. Die Kontrollgrenze ist hier gegeben durch

$$G_{\bar{x}} = \mu + \frac{3 \cdot \bar{R}}{d_2\,\sqrt{2}}\,. \tag{6.06}$$

(Die Konstanten von Gl. 6.06 werden oft zusammengefaßt und als $3/d_2\sqrt{N_j} = A_2$ tabelliert.) Wie oft man eine Richtigkeitsprüfung einschaltet, muß für jeden Einzelfall erprobt werden. Als Faustregel mag gelten, daß auf 10—20 Analysen eine Kontrollbestimmung ausgeführt werden soll. Mindestens aber muß innerhalb einer Schicht oder eines Tages oder innerhalb einer Analysenserie eine Kontrollbestimmung eingestreut werden.

Bei der Anlage einer Kontrollkarte muß man die zunächst unbekannten Größen σ und μ in einem „Vorlauf" bestimmen. Dazu analysiert man eine Probe 15—20mal sehr sorgfältig. Der Gehalt dieser Probe soll den späteren Analysen entsprechen. Aus den erhaltenen 15 bis 20 Doppelbestimmungen berechnet man in der beschriebenen Weise (Gl. 6.05, Gl. 6.06) die Kontrollgrenzen und entwirft die Kontrollkarte (entweder auf Millimeterpapier oder auf speziellem „Kontrollpapier[1]"). Die Resultate des Vorlaufes werden in die Karte eingezeichnet und einer kritischen Prüfung unterworfen.

1. Man zeichnet die Häufigkeitsverteilung der erhaltenen Meßpunkte. Diese muß — wenigstens angenähert — die Gestalt einer Gauß-Kurve besitzen. Das Fehlen eines Maximums deutet darauf, daß man das Verfahren noch nicht unter Kontrolle hat. Das Auftreten mehrerer Maxima weist auf systematische Fehler hin (vgl. 3.1).

2. Sämtliche Meßwerte müssen sich innerhalb der Kontrollgrenzen befinden. Nur dann ist das Verfahren als einwandfrei anzusehen und die gefundenen Grenzen dürfen benutzt werden. Liegen dagegen mehrere Werte außerhalb dieser Grenzen, so sind in der angewandten Methode noch Unregelmäßigkeiten enthalten, die beseitigt werden müssen.

---

[1] Statistisches Kontrollkartenpapier, lieferbar durch Fa. Schäfers Feinpapiere, Plauen, Best.-Nr. 571.

3. Die gefundenen Kontrollgrenzen müssen mit der geforderten Reproduzierbarkeit der Analysenwerte vereinbar sein.

4. Die einzelnen eingezeichneten Punkte müssen regellos um die Mittellinie streuen. Liegen sie vorwiegend über oder unter dieser Geraden, so deutet dies bei der Reproduzierbarkeitskontrolle darauf hin, daß die beiden Werte der Doppelbestimmung nicht unter genau gleichen Bedingungen entstanden sind. In der $\bar{x}$-Karte gibt sich auf diese Weise ein konstanter Fehler zu erkennen.

5. Bilden die eingetragenen x_i-Werte Gruppen abwechselnd über und unter der Mittellinie, so liegt der Verdacht auf eine zweigipflige Verteilung nahe, d. h. die einzelnen x_i schwanken um zwei verschiedene Mittelwerte μ_1 und μ_2.

6. Zeitlich abhängige systematische Fehler äußern sich dadurch, daß die einzelnen x_i-Werte ständig wachsen oder abnehmen. Die eingezeichnete Punktschar streut dann längs einer steigenden oder fallenden Linie.

[6.01] Für die photometrische Kupferbestimmung als Kupfertetramminsulfat sollte eine Kontrollkarte angelegt werden. Im „Vorlauf" wurden folgende Werte (Prozent Cu) gefunden:

Nr.	x_i'	x_i''	$\bar{x}$	Δ_i	Nr.	x_i'	x_i''	$\bar{x}$	Δ_i
1	1,19	1,30	1,24	$-0,11$	11	1,25	1,28	1,27	$-0,03$
2	1,27	1,19	1,23	$+0,08$	12	1,32	1,33	1,33	$-0,01$
3	1,43	1,34	1,39	$+0,09$	13	1,28	1,33	1,31	$-0,05$
4	1,34	1,42	1,38	$-0,08$	14	1,37	1,36	1,37	$+0,01$
5	1,34	1,29	1,32	$+0,05$	15	1,33	1,34	1,34	$-0,01$
6	1,33	1,35	1,34	$-0,02$	16	1,30	1,33	1,32	$-0,03$
7	1,26	1,32	1,29	$-0,06$	17	1,28	1,27	1,28	$+0,01$
8	1,31	1,31	1,31	$0,00$	18	1,35	1,36	1,36	$-0,01$
9	1,30	1,27	1,29	$+0,03$	19	1,34	1,32	1,33	$+0,02$
10	1,33	1,37	1,35	$-0,04$	20	1,35	1,35	1,35	$0,00$

Daraus ergeben sich

$$\mu = \frac{\Sigma\,\bar{x}_i}{20} = 1,32^0/_0 \text{ Cu}$$

$$\bar{R} = \frac{\Sigma\,|\Delta_i|}{20} = 0,037^0/_0 \text{ Cu}$$

$$G_\sigma = \frac{3 \cdot 0,037\,\sqrt{2}}{1,128} = 0,14^0/_0 \text{ Cu}$$

$$G_{\bar{x}} = \mu \pm \frac{3 \cdot 0,037}{1,128\,\sqrt{2}} = (\mu \pm 0,07)\,^0/_0 \text{ Cu}.$$

Die Werte $\bar{x}_1$, $\bar{x}_2$ und $\bar{x}_3$ weichen vom Mittelwert μ um mehr als $G_{\bar{x}}$ ab. Das deutet auf systematische Fehler beim erstmaligen Durchführen der Methode. Der Wert $\bar{x}_4$ liegt zwar innerhalb der Kontrollgrenze, im Vergleich zu allen folgenden ist er jedoch recht hoch, außerdem ist die Differenz Δ_4 größer als die Differenzen bei allen folgenden Doppelbestimmungen. Aus diesen Gründen darf man auch hier eine fehlerhafte Analyse vermuten. Die Werte $\bar{x}_1 \ldots \bar{x}_4$ sind also nicht vergleichbar mit den folgenden Resultaten $\bar{x}_5 \ldots \bar{x}_{20}$. Deshalb werden die Kontrollgrenzen aus den Werten der Analysen 5—20 neu berechnet. Man erhält

$$\bar{R}' = 0,024^0/_0 \, \text{Cu}$$

$$\mu' = 1,32^0/_0 \, \text{Cu}$$

$$G'_\sigma = 0,09^0/_0 \, \text{Cu}$$

$$G'_{\bar{x}} = (\mu \pm 0,045)^0/_0 \, \text{Cu}.$$

Innerhalb dieser Grenzen liegen alle aus den Analysen 5—20 abgeleiteten Werte (Abb. 19). Das Verfahren ist also ,,unter Kontrolle''. Außerhalb dieser Grenzen liegen $\bar{x}_1 \ldots \bar{x}_4$, damit ist $\bar{x}_4$ nachträglich als Außenseiter nachgewiesen. Die gleiche

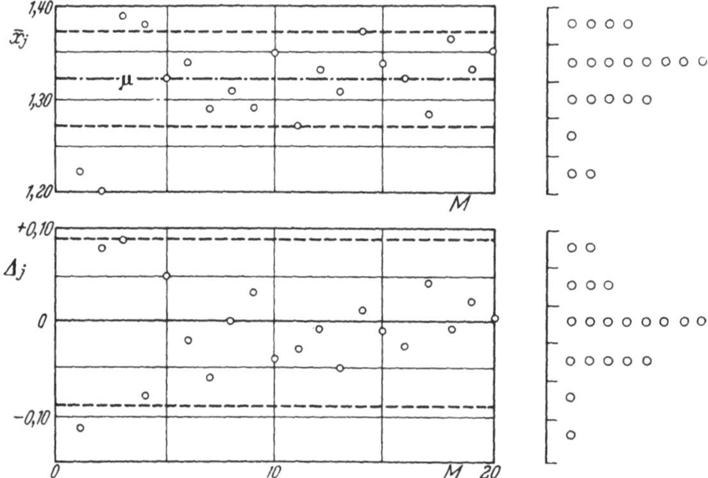

Abb. 19. Anlage der Kontrollkarte zur photometrischen Kupferbestimmung

Aussage erhält man auch aus der Häufigkeitsverteilung der Meßwerte. Sowohl bei der $\bar{x}$-Karte als auch bei der σ-Karte besitzt die Verteilung ein ausgeprägtes Maximum. Die Außenseiter $\bar{x}_1 \ldots \bar{x}_4$ bzw. $\varDelta_1 \ldots \varDelta_4$ liegen an den Ausläufern der Häufigkeitsverteilung. Aus Abb. 19 ist weiterhin zu entnehmen, daß die einzelnen Punkte regellos um die beiden Mittellinien streuen. Zeitlich veränderliche systematische Fehler oder Gruppenbildung (vgl. Abb. 8) u. dgl. treten also nicht auf.

Bei der nun anschließenden laufenden Überwachung der Serienanalysen sollen die Eintragungen ebenfalls regellos um die beiden Mittellinien μ bzw. $\varDelta_j = 0$ innerhalb der Kontrollgrenzen streuen. Nähern sich die Punkte mehrmals hintereinander dieser Grenze, so ist dies ein Zeichen, daß das Verfahren in Kürze außer Kontrolle geraten wird. Vorbeugende Maßnahmen sind dann zweckmäßig. Wird die Kontrollgrenze einmal überschritten, so deutet dies bereits auf statistisch gesicherte Veränderungen in der Methodik, und man muß Gegenmaßnahmen einleiten. Der Verdacht auf eine mehr als zufällige Abweichung liegt nahe, wenn mehr als sieben aufeinanderfolgende Meßpunkte auf der gleichen Seite der Mittellinie liegen.

Gefälschte Kontrollkarten lassen sich oft recht einfach erkennen. Werden Punkte, die eigentlich außerhalb der Kontrollinie liegen müßten, wiederholt gerade noch innerhalb dieser Grenze eingetragen, so erhält man eine Häufung von Punkten an der Kontrollgrenze. Es ergibt sich also neben dem Häufigkeitsmaximum bei der Mittellinie noch ein zweites Maximum unmittelbar an der Kontrollgrenze.

6.2 Rechnerische Kontrolle

Die rechnerische Kontrolle von Analysenergebnissen ist an folgende Voraussetzung geknüpft:

1. Die gemessene Größe x (z. B. Milligramm Auswaage oder Milliliter Maßflüssigkeit) wird auf eine bekannte Einwaage e bezogen.

2. Zwischen der gemessenen Größe x und der Einwaage e besteht Proportionalität $(x \sim e)$.

3. Das zu bestimmende Element läßt sich der Analyse in bekannter Menge zusetzen.

Zum Nachweis eines konstanten Fehlers geht man von einer Doppelbestimmung aus, deren Analysen unterschiedliche Einwaagen zugrunde liegen[1]. Bei Fehlerlosigkeit gilt nach Voraussetzung 1

$$\frac{x_1}{e_1} = \frac{x_2}{e_2} \,.\tag{6.07}$$

Tritt ein konstanter Fehler A auf, so wird

$$x_1' = x_1 + A$$
$$x_2' = x_2 + A$$
$$x' = \text{fehlerbehaftete Meßgröße.}$$

Setzt man dies in Gl. 6.07 ein und löst nach A auf, so erhält man

$$A = \frac{x_2' e_1 - x_1' e_2}{e_1 - e_2} \,.\tag{6.08}$$

Besonders übersichtlich wird die Rechnung für $e_1 = 2e_2$. Gl. 6.08 geht dann über in

$$A = 2x_2' - x_1'.\tag{6.09}$$

Zur Prüfung auf einen veränderlichen Fehler müssen beiden Analysen der Doppelbestimmung genau gleiche Einwaagen zugrunde liegen. Mit $e_2 = e_3$ wird auch $x_2 = x_3 = x$. Der einen Analyse setzt man das zu

---

[1] Aus Doppelbestimmungen mit unterschiedlicher Einwaage kann man auch Blindwerte ohne die sonst üblichen Blindanalysen bestimmen.

bestimmende Element in bekannter Menge zu. Dieser Eichzusatz soll bei allen Proben gleich groß und so bemessen sein, daß er die Konzentration des betreffenden Elementes etwa verdoppelt. Ist in dem Verfahren ein veränderlicher Fehler B vorhanden, so wird

$$x'_2 - x = B\,x$$
$$x'_3 - (x + z) = B\,(x + z).$$

Daraus erhält man

$$B = \frac{x'_3 - x'_2}{z} - 1\;. \tag{6.10}$$

Infolge des Zufallsfehlers wird man bei der Prüfung auf die beiden Fehlerarten nach Gl. 6.09 bzw. 6.10 meist Abweichungen von den erwarteten Idealwerten ($A = B = 0$) erhalten. Zum Nachweis des systematischen Charakters prüft man die Größen $\bar A$ und $\bar B$ gegen Null. Entsprechend Gl. 3.10 (mit $\mu = 0$) wird dann z. B. für $\bar A$

$$t = \frac{|\bar A|}{s_A}\sqrt{N}$$
$$\text{mit } n = N - 1 \text{ Freiheitsgraden,}$$

wobei

$$s_A = \sqrt{\frac{\Sigma(A_i - \bar A)^2}{N - 1}}\;.$$

Die systematische Abweichung ist nur gesichert, wenn $t > t(P, n)$.

[6.02] Bei einer Silberbestimmung nach Volhard waren zu Prüfzwecken konstante und veränderliche Fehler künstlich erzeugt worden. Es waren vorgegeben $A = -0,01$ ml 0,1 n Silbernitratlösung und $B = 0,01$. Die vier Proben wurden nach dem angegebenen Kontrollverfahren analysiert, es waren $e_1 : e_2 = 2 : 1$, $e_2 = e_3$ und $z = 10$ ml 0,1 n Silbernitratlösung. Der Eichzusatz wurde jeweils zur dritten Analyse hinzugefügt. Folgende Werte wurden titriert (Milliliter 0,1 n Ammoniumrhodanidlösung)

Probe	Gemessene Werte			A	B
	x'_1	x'_2	x_3		
1	15,71	7,79	17,72	$-0,13$	$-0,007$
2	23,58	11,75	21,68	$-0,08$	$-0,007$
3	29,52	14,73	24,66	$-0,06$	$-0,007$
4	39,43	19,67	29,50	$-0,09$	$-0,017$

$$\bar A = -0,09 \text{ ml} \qquad\qquad \bar B = -0,0095$$
$$s_A = 0,029 \text{ ml} \qquad\qquad s_B = 0,005$$
$$t_A = \frac{0,09}{0,029}\sqrt{4} \qquad\qquad t_B = \frac{0,0095}{0,005}\sqrt{4}$$
$$= 6,21 \qquad\qquad\qquad = 3,80$$

Bei $n = 3$ Freiheitsgraden wird $t(P, n) = 3,18$ (für $P = 95\%$) bzw. $5,84$ (für $P = 99\%$). Damit ist erwiesen, daß $\bar{A}$ und $\bar{B}$ mehr als zufällig von Null abweichen. Jedoch ist nur bei dem konstanten Fehler der systematische Charakter der Abweichung gesichert ($t_A > 5,84$), zum eindeutigen Nachweis des veränderlichen Fehlers müssen noch weitere Analysenergebnisse herangezogen werden.

Die geforderten Einwaagen ($e_1 = 2e_2 = 2e_3$) lassen sich am einfachsten auf volumetrischem Wege (Probenteilung durch Aliquotieren) erhalten. Bei größeren Analysenserien kann man den Nachweis von konstantem und veränderlichem Fehler auf verschiedene Proben verteilen. Dadurch erhält man die gewünschte Kontrolle aus den üblichen Doppelbestimmungen. Die geschilderte Methode läßt sich anwenden auf alle Analysenverfahren, die nach dem Prinzip Einwägen—Lösen—Messen aufgebaut sind. Innerhalb einer Serie sollen alle Proben ähnlich zusammengesetzt sein. Fehler, die durch Störelemente hervorgerufen wurden, lassen sich auf diese Art nicht nachweisen.

Literatur: BENNETT-FRANKLIN; DOERFFEL (1957 B).

7. Verwertung von Analysenergebnissen

Jeder Analytiker steht irgendeinmal vor der Aufgabe, seine erhaltenen Analysenwerte weiter zu verarbeiten. Im einfachsten Fall hat er die Resultate von Mehrfachbestimmungen zusammenzufassen und daraus Angaben über Mittelwert und Streuung abzuleiten. Vielfach werden ihm aber die Analysenwerte nur Rohmaterial sein, aus dem er weitere Schlüsse zu ziehen hat, z. B. das Erkennen irgendwelcher Gesetzmäßigkeiten oder das Aufstellen empirischer Funktionen. In allen solchen Fällen können ihm die Verfahren der Statistik als unbestechliche Helfer zur Seite stehen.

7.1 Darstellung von Analysenwerten

Bei der Angabe von Analysenwerten muß sich der Analytiker zunächst Klarheit schaffen über die sinnvolle Zahl von Dezimalstellen. Allgemein gilt, daß die vorletzte Stelle gesichert sein soll und die letzte in der Größe des aufgetretenen Fehlers liegt. Als Fehler benutzt man bei Einzelmessungen den Streubereich (Gl. 3.06), bei Mittelwerten den Vertrauensbereich (Gl. 3.08). Muß man Analysenergebnisse auf große Zahlen umrechnen (z. B. Tages- oder Monatsproduktion, Vorratsberechnung von Lagerstätten), so gibt man nur Vielfache von Zehnerpotenzen an, da die letzten Ziffern infolge des Analysenfehlers ohnedies keine Gültigkeit besitzen.

Eine der üblichen Rechenoperationen ist die Bildung von Mittelwerten aus Einzelmessungen. Hierbei dürfen nur Werte aus vergleichbaren Messungen kombiniert werden. Die Mittelbildung muß unterbleiben, wenn die Meßwerte einen „Gang" zeigen. Die Art des benutzten Mittelwertes wird durch das vorliegende Analysenverfahren diktiert,

üblicherweise verwendet man das arithmetische Mittel. Folgen die Meßwerte einer logarithmischen Normalverteilung (vgl. 3.1), so muß das
geometrische Mittel gewählt werden. Zur Auswertung registrierender
Messungen ist der Integralmittelwert erforderlich.

[7.01] Zur Bestimmung des mittleren CO_2-Gehaltes in einem Rauchgas wird
das erhaltene Diagramm im interessierenden Zeitabschnitt ausplanimetriert. Das
umfahrene Flächenstück wird näherungsweise als Parallelogramm angesehen. Im
vorliegenden Fall (Abb. 20) ergibt sich die Fläche zu $F = 52{,}7\ cm^2$ und die Grundlinie zu $g = 12$ cm. Da Parallelogramme und Rechteck mit gleicher Grundlinie
und Höhe flächengleich sind, wird $y = 52{,}7/12 = 4{,}4$ cm und damit der mittlere
CO_2-Gehalt im betrachteten Zeitraum $\bar{p} = 8{,}8^0/_0\ CO_2$.

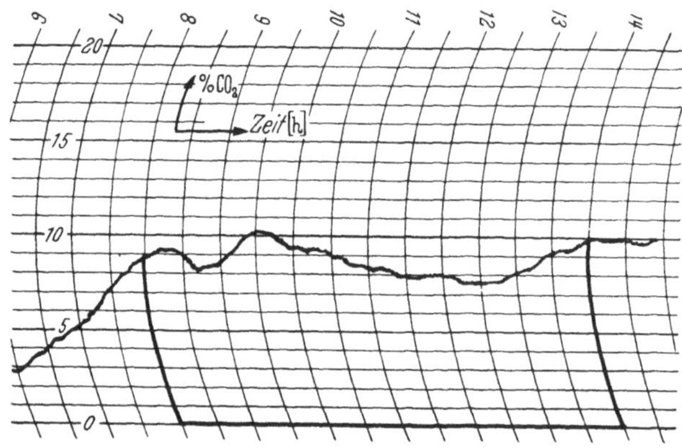

Abb. 20. Registrierende Bestimmung des CO_2-Gehaltes in einem Rauchgas

Einige besondere Gesichtspunkte sind bei der Angabe von Reinheits-
graden zu berücksichtigen. Man ermittelt diese Größe, indem man die
Verunreinigungen des untersuchten Stoffes bestimmt (hierbei sind physi-
kalische Verfahren oft besonders günstig) und die gefundenen Gehalte
von $100^0/_0$ abzieht[1]. Dabei können die Analysenfehler verhältnismäßig hoch
liegen, ohne daß sich dies auf das gesuchte Ergebnis nachteilig auswirkt.
Nimmt der Fehler recht große Beträge an, wie z. B. in der halbquantitativen Spektralanalyse, ist es nicht mehr statthaft, die einzelnen Werte
von $100^0/_0$ abzuziehen und auf diese Weise einen Reinheitsgrad anzugeben.

[7.02] Elektrolytkupfer wurde spektralanalytisch auf seine Verunreinigungen
untersucht. Die Reproduzierbarkeit der Messungen betrug $+ 200^0/_0 \ldots - 50^0/_0$,

---

[1] Zuweilen ist es jedoch vorteilhaft, den Gehalt der Hauptkomponente direkt
zu bestimmen. Das gilt z. B. für organische Stoffe mit einer nicht genau überseh-
baren Anzahl von Nebenbestandteilen oder auch wenn der Reinheitsgrad sehr viel
tiefer liegt als $100^0/_0$.

d. h., man konnte innerhalb jeder Zehnerpotenz die Werte 1, 2 und 5 unterscheiden. Die gefundenen Gehalte mit den zugehörigen oberen und unteren Fehlergrenzen zeigt die folgende Übersicht:

Element	Gehalt	Obere	Untere
		Fehlergrenze	
	$(^0/_0)$	$(^0/_0)$	$(^0/_0)$
Ag	10^{-2}	$2 \cdot 10^{-2}$	$5 \cdot 10^{-3}$
Au	10^{-3}	$2 \cdot 10^{-3}$	$5 \cdot 10^{-4}$
Fe	10^{-1}	$2 \cdot 10^{-1}$	$5 \cdot 10^{-2}$
Pb	$5 \cdot 10^{-2}$	10^{-1}	$3 \cdot 10^{-2}$
Zn	$2 \cdot 10^{-2}$	$4 \cdot 10^{-3}$	10^{-2}

Man darf aus diesen Werten folgern, daß in der Probe etwa $99,9^0/_0$ Cu enthalten sind. Dabei ist die letzte Ziffer bereits unsicher. Weitere Angaben sind wegen des Fehlerbereiches der anteilmäßig größten Verunreinigung (Eisen) nicht zu erbringen.

7.2 Aufstellen von empirischen Funktionen (Regressionsrechnung)

Durch Messung hat man eine Reihe zusammengehöriger Wertepaare x_i; y_i gefunden. Es ist bekannt, daß zwischen den beiden Variablen ein Zusammenhang $y = f(x)$ besteht, wobei die Veränderliche x als nahezu fehlerfrei angesehen werden darf. Man steht nun vor der Aufgabe, diesen zunächst nur ganz allgemein bekannten Zusammenhang $y = f(x)$ näher zu bestimmen.

Als ersten Schritt hierzu muß man den für $y = f(x)$ geeigneten Formeltyp finden. Dazu stellt man die Ergebnisse graphisch dar. Oftmals werden sie um eine Gerade streuen, man erhält dann Beziehungen der Form $y = a + bx$ oder $y = bx$. Kurven lassen sich vielfach durch geeignete Transformationen zu Geraden strecken. Beispielsweise kann man eine oder beide Achsen des Netzes logarithmisch teilen oder man kann auch die Reziprokwerte der Messungen benutzen. Wegen der einfacheren Handhabung wird man stets versuchen, durch geeignete Koordinatentransformationen einen derartigen linearen Zusammenhang herzustellen. Ist durch keine Transformation eine lineare Abhängigkeit zu erreichen, so setzt man eine quadratische Form $y = a + bx + cx^2$ an. Eine solche Beziehung dürfte in den allermeisten Fällen ausreichend sein.

Wenn man sich für einen Formeltyp entschieden hat, so muß man die Konstanten dieser Funktion bestimmen. Das ist wiederum besonders einfach bei linearen Zusammenhängen und kann auf graphischem wie auf rechnerischem Wege geschehen.

Zur graphischen Bestimmung trägt man die Meßwerte in ein Koordinatennetz ein. Dabei zeichnet man die einzelnen Punkte so groß, wie der zugehörige Fehler ist. (Falls die Reproduzierbarkeit des Verfahrens nicht bekannt ist, kann man den Fehler wenigstens nach den in Abschnitt 2 angegebenen Verfahren abschätzen.) Durch diesen Punktschwarm legt man — am besten mit einem durchsichtigen Lineal — eine Gerade. Die einzelnen Punkte sollen gleichmäßig ober- und unterhalb der Geraden verteilt sein. Die gesuchten Konstanten a und b bestimmt man in der üblichen Weise (a = Ordinatenabschnitt für $x = 0$, b = Richtungsfaktor der Geraden). Eine besonders bequeme direkte Ablesung beider Konstanten gestattet in vielen Fällen das projektiv verzerrte Netz[1].

[7.03] Zur Eichung der UV-photometrischen Bestimmung von Benzol in Alkohol (nach Mayer u. Luszczak) wurden die Extinktionen einiger Proben bekannten Gehaltes gemessen. Es ergaben sich folgende Werte:

Vol-% Benzol (x)	Extinktion (y)	Vol-% Benzol (x)	Extinktion (y)	Vol-% Benzol (x)	Extinktion (y)
0,2	0,20	1,5	0,93	2,5	1,50
0,5	0,37	2,0	1,22	3,0	1,80
1,0	0,64				

Diese Meßwerte wurden in das projektiv verzerrte Netz eingezeichnet und durch die „beste" Gerade $y = a + bx$ ausgeglichen (Abb. 21). Die Konstante a ergibt sich aus der Ordinate für $x = 0$ mit $a = 0,08$, für den Richtungsfaktor liefert die rechts liegende Anstiegsleiter den Wert $b = 0,58$. Zwischen der Konzentration x (in Volumenprozenten) und der Extinktion y besteht also die Beziehung $y = 0,08 + 0,58 x$. Darin stellt die Richtungskonstante b den für die speziellen Versuchsbedingungen gültigen dekadischen Extinktionskoeffizienten des Benzols dar. Die Lagekonstante a zeigt, daß das Lösungsmittel (Alkohol) bei der benutzten Wellenlänge bereits geringfügig absorbiert.

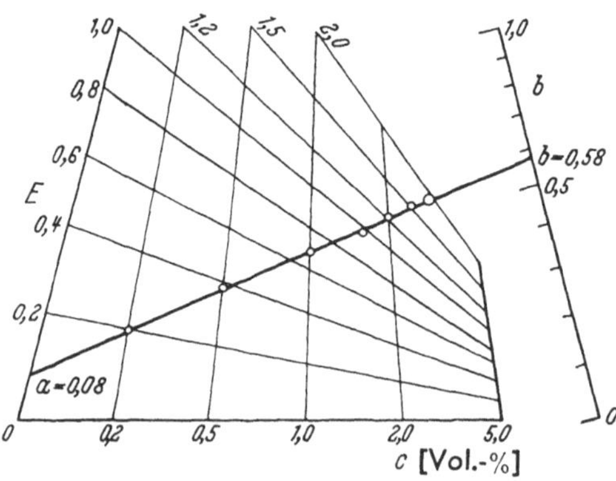

Abb. 21. Graphischer Ausgleich im projektiv verzerrten Netz

Die gesuchten Konstanten a und b lassen sich auch auf rechnerischem Wege ermitteln. Dazu dient die Regressions- oder Ausgleichrechnung. Dieses Rechenverfahren liefert für den gesuchten Zusammenhang die „bestmögliche" Funktion, d. h. die Unterschiede zwischen den aus der Gleichung nachträglich berechenbaren und den ursprünglich gemessenen

---

[1] Projektiv verzerrte Funktionspapiere nach J. Fischer, lieferbar durch Fa. Schäfers Feinpapiere, Plauen (Sa.), Bergstraße 4.

Werten sind ein Minimum. Liegen bei einem linearen Zusammenhang N zusammengehörige Wertepaare (x_i, y_i) vor, so gilt

$$y_1 = a + b\,x_1$$

$$y_2 = a + b\,x_2$$

$$\vdots$$

$$y_N = a + b\,x_N .$$

Auf der linken Seite dieses Ausdruckes stehen die gemessenen (y_i), auf der rechten Seite die berechenbaren Werte $(Y_i = a + b\,x_i)$. Die Differenz zwischen beiden ergibt den Fehler. Zwischen gemessenen und berechneten Werten ist die Übereinstimmung am besten, wenn dieser Fehler ein Minimum wird, d. h., wenn

$$\Sigma(y_i - Y_i)^2 = \Sigma(y_i - a - b\,x_i)^2 = \text{Min.}$$

Daraus erhält man für die Größen a und b

$$b = \frac{\Sigma x_i y_i - N \cdot \bar{x} \cdot \bar{y}}{\Sigma x_i^2 - N \bar{x}^2} \qquad a = \bar{y} - b \cdot \bar{x}. \tag{7.01}$$

Zum numerischen Auswerten von Gl. 7.01 ist die Rechnung mit vielen Stellenzahlen erforderlich, da in Zähler und Nenner des Ausdruckes zum Berechnen von b die Differenz zweier oft fast gleicher Zahlen auftritt. Dabei wird man leicht verleitet, die Koeffizienten a und b auf zu viele Dezimalstellen anzugeben und den Anschein einer hohen Reproduzierbarkeit zu erwecken. Zum Vermeiden derartiger Täuschungen ist es notwendig, sich Klarheit über den Fehler von a und b zu verschaffen. Dazu berechnet man zunächst die Standardabweichung zwischen den gemessenen (y_i) und berechneten (Y_i) Werten

$$s = \sqrt{\frac{\Sigma(y_i - Y_i)^2}{N - 2}} . \tag{7.02}$$

Diese Größe ist nicht identisch mit der Reproduzierbarkeit des Verfahrens. Es treten hier $N - 2$ Freiheitsgrade auf, weil zum Festlegen der Geraden mindestens zwei Punkte erforderlich sind. Die Quadratsumme berechnet man zweckmäßigerweise aus folgendem Ausdruck

$$\Sigma(y_i - Y_i)^2 = \Sigma y_i^2 - N \bar{y}^2 - b^2(\Sigma x_i^2 - N \bar{x}^2). \tag{7.03}$$

Als Standardabweichungen für a und b erhält man

$$s_b = \frac{s}{\sqrt{\Sigma x_i^2 - N \bar{x}^2}} \qquad s_a = s_b \sqrt{\frac{\Sigma x_i^2}{N}} . \tag{7.04}$$

Aus diesen beiden Standardabweichungen kann man näherungsweise den Streubereich (Gl. 3.06) bestimmen und daraus Angaben über die gültige Stellenzahl von a und b ableiten.

[7.04] Die in [7.03] angegebenen Werte sollen rechnerisch ausgeglichen werden. Man erhält

$$\Sigma x_i = 10{,}7 \qquad \Sigma y_i = 6{,}66 \qquad \Sigma x_i^2 = 22{,}79$$
$$\bar{x} = 1{,}53 \qquad \bar{y} = 0{,}951 \qquad \Sigma y_i^2 = 8{,}4298$$
$$\bar{x}^2 = 2{,}3409 \qquad \bar{y}^2 = 0{,}904401 \qquad \Sigma x_i y_i = 13{,}850$$

$$N = 7$$

$$b = \frac{13{,}850 - 7 \cdot 1{,}53 \cdot 0{,}951}{22{,}79 - 7 \cdot 2{,}3409} = 0{,}572\,292$$

$$a = 0{,}951 - 0{,}572\,292 \cdot 1{,}53 = 0{,}075\,393$$

$$\Sigma(y_i - Y_i)^2 = 8{,}429\,800 - 7 \cdot 0{,}904\,401 - 0{,}572\,292^2 \, (22{,}79 - 7 \cdot 2{,}3409)$$
$$= 0{,}001\,665$$

$$s = \sqrt{\frac{0{,}001\,665}{5}} = 0{,}01825$$

$$s_b = \frac{0{,}01825}{\sqrt{22{,}79 - 7 \cdot 2{,}3409}} = 0{,}0072 \qquad \text{(mit 5 Freiheitsgraden)}$$

$$s_a = 0{,}0072 \sqrt{\frac{22{,}79}{7}} = 0{,}0132 \qquad \text{(mit 5 Freiheitsgraden)}$$

Bei $P = 95\%$ wird $t(P, n) = 2{,}57$, daraus erhält man $t(P, n) \cdot s_b = 0{,}0185$ und $t(P, n) \cdot s_a = 0{,}0339$. Die gesuchten Konstanten sind also

$$b = 0{,}572 \pm 0{,}019 \qquad a = 0{,}075 \pm 0{,}034.$$

Die Aufstellung der Eichfunktion aus nahezu fehlerfreiem x_E und fehlerbehaftetem y_E ist nur ein erster Schritt. Bei der anschließenden Analyse hat man aus dem fehlerbehafteten Meßwert y_A über die Eichfunktion auf Gehalt und zugehörigen Fehler bei der untersuchten Probe zu schließen. Hat man jede der N Eichproben je einmal, die Analysenprobe dagegen N_j-mal analysiert und aus den N_j Parallelbestimmungen das Mittel $\bar{y}_A$ gebildet, so erhält man bei linearer Eichfunktion als Fehler des Analysenwertes $\bar{x}_A$

$$\Delta \bar{x}_A = \frac{t(P, n) \cdot s}{b} \sqrt{\frac{1}{N_j} + \frac{1}{N} + \frac{(\bar{y}_A - \bar{y})^2}{b^2 \, [\Sigma x_i^2 - (\Sigma x_i)^2/N]}} \, . \quad \text{(Gl. 7.05)}$$

[7.05] Zur UV-photometrischen Bestimmung von Benzol in Alkohol (vgl. [7.04]) wurden an einer Probe die Extinktionen 1,24; 1,23 und 1,26 gemessen. Mit $\bar{y}_A = 1{,}243$ führt die in [7.04] aufgestellte Eichfunktion zu $\bar{x}_A = (1{,}243 - 0{,}075)/0{,}572$

$= 2{,}04$ Vol.-$^0/_0$ Benzol. Nach Gl. 7.05 erhält man bei $P = 95^0/_0$ als zugehörigen Fehler

$$\Delta \bar{x}_A = \frac{2{,}57 \cdot 0{,}01825}{0{,}572} \sqrt{\frac{1}{3} + \frac{1}{7} + \frac{(1{,}243 - 0{,}951)^2}{0{,}572^2 \, (22{,}79 - 16{,}3557)}}$$

$$= 0{,}059 \text{ Vol.-}^0/_0.$$

Damit ergibt sich der gesuchte Gehalt zu $(2{,}04 \pm 0{,}06)$ Vol.-$^0/_0$ Benzol.

7.3 Prüfung auf die gegenseitige Abhängigkeit zweier Variablen (Korrelationsrechnung)

Ein Zusammenhang zwischen zwei Größen x und y ist verhältnismäßig leicht zu erkennen, solange das Verfahren gut reproduzierbare Werte liefert. Dagegen kann bei großem Zufallsfehler die Abhängigkeit zwischen beiden Größen verwischt werden, da dann die Meßpunkte nicht mehr längs einer glatten Kurve streuen, sondern einen mehr oder weniger breiten Streifen einnehmen. Man spricht dann von einem *stochastischen Zusammenhang* oder man sagt auch, die beiden Größen seien durch eine Korrelation verknüpft. Zwischen funktionellem und stochastischem Zusammenhang läßt sich keine eindeutige Grenze ziehen. Dagegen kann man — auch bei beliebig großem Zufallsfehler — Aussagen erhalten, ob zwischen den betrachteten Größen x und y überhaupt eine Gesetzmäßigkeit besteht. Hierfür benutzt man den Korrelationskoeffizienten r. Dieser liegt stets im Bereich $-1 < r < +1$. $r = +1$ bedeutet einen sicheren funktionellen Zusammenhang, wobei x und y gleichsinnig wachsen. $r = -1$ zeigt ebenfalls funktionelle, jedoch gegensinnige Abhängigkeit an. Bei $r = 0$ besteht zwischen den betrachteten Variablen keinerlei Abhängigkeit. Je näher r an ± 1 liegt, um so „straffer" ist der beobachtete Zusammenhang. Wenn man annehmen darf, daß der Punktschwarm längs einer Geraden streut, d. h., man hat eine einfache lineare Korrelation vor sich, so erhält man den Korrelationskoeffizienten aus

$$r = \frac{N \Sigma x_i y_i - \Sigma x_i \, \Sigma y_i}{\sqrt{[N \Sigma x_i^2 - (\Sigma x_i)^2] \, [N \Sigma y_i^2 - (\Sigma y_i)^2]}} \, . \qquad (7.06)$$

Der Korrelationskoeffizient wird stets auf seine Abweichung von Null geprüft. Dazu bildet man

$$t = \frac{|r|}{\sqrt{1 - r^2}} \, \sqrt{N - 2} \qquad (7.07)$$

(mit $n = N - 2$ Freiheitsgraden)

und vergleicht mit $t(P, n)$. Ein Zusammenhang zwischen den untersuchten Größen x und y ist nur dann gesichert, wenn $t > t(P, n)$. Bei $n = 10$ Freiheitsgraden (d. h. bei $N = 12$ Messungen) muß $r > 0{,}62$

sein, ehe man mit $P = 95^0/_0$ eine Korrelation zwischen den beiden Größen in Erwägung ziehen darf.

[7.06] Für geochemische Untersuchungen interessierte, ob zwischen dem Natrium- und dem Lithiumgehalt von Wasserproben ein Zusammenhang feststellbar war. Folgende Werte wurden gemessen

Probe	mg Na/l (x)	mg Li/l (y)	Probe	mg Na/l (x)	mg Li/l (y)
1	55	0,8	6	403	3,1
2	92	1,6	7	294	1,8
3	148	1,1	8	547	2,7
4	371	1,8	9	356	2,1
5	67	1,0	10	241	1,0

Man berechnet:

$$\Sigma x_i = 2574 \qquad (\Sigma x_i)^2 = 6\,625\,476 \qquad \Sigma x_i{}^2 = 908\,394$$
$$\Sigma y_i = 17{,}0 \qquad (\Sigma y_i)^2 = 289{,}0 \qquad \Sigma y_i{}^2 = 34{,}20$$
$$\Sigma x_i y_i = 5332{,}8 \qquad \Sigma x_i \Sigma y_i = 43\,758 \qquad M = 10$$

und erhält nach Gl. 7.06

$$r = \frac{10 \cdot 5332{,}8 - 43\,758}{\sqrt{(10 \cdot 908\,394 - 6\,625\,476)(10 \cdot 34{,}20 - 289{,}0)}}$$

$$= 0{,}838\,.$$

Zur Prüfung von r auf die Abweichung gegen Null bildet man (Gl. 7.07)

$$t = \frac{0{,}838}{\sqrt{1 - 0{,}838^2}} \sqrt{10 - 2} = 4{,}35$$

Bei $P = 95^0/_0$ ergibt sich mit $n = 8$ Freiheitsgraden $t(P, n) = 2{,}31$. Da $t > t(P, n)$, ist zwischen den Natrium- und den Lithiumwerten ein Zusammenhang nachweisbar.

Zuweilen taucht die Frage auf, ob zwei Korrelationskoeffizienten r_1 und r_2 aus N_1 bzw. N_2 Messungen gesichert voneinander abweichen, d.h., ob sie tatsächlich verschiedene Straffheit der Korrelation anzeigen. Zur Entscheidung dieser Frage bildet man den Ausdruck

$$k = 1{,}1513 \sqrt{\frac{(N_1 - 3)(N_2 - 3)}{N_1 + N_2 - 6}} \cdot \lg \frac{(1 + r_1)(1 - r_2)}{(1 - r_1)(1 + r_2)}\,.$$

Diesen k-Wert vergleicht man mit $k(P)$ (Tab. 2). Der Unterschied zwischen den beiden Korrelationskoeffizienten ist nachgewiesen, wenn $k > k(P)$.

Streuen die beobachteten Meßwerte nicht längs einer Geraden, so muß man versuchen, die Kurve durch geeignete Transformationen zu strecken. Oftmals erreicht man dies, wenn man eine oder beide Variable logarithmiert. Mit den transformierten Werten kann man die Prüfung auf eine lineare Korrelation in der beschriebenen Weise vornehmen.

Literatur: LINDER (1951); WEBER (1957); KIENITZ.

8. Neuentwicklung von Analysenverfahren

Zum vollständigen Beschreiben eines neuentwickelten Analysenverfahrens sind viele Einzelheiten erforderlich. Nur wenn man in der Veröffentlichung alle Versuchsbedingungen genauestens mitteilt, darf man erwarten, daß andere Beobachter die Leistungsfähigkeit der Methode voll auszunutzen vermögen. Nach KAISER u. SPECKER wird ein Analysenverfahren durch folgende Angaben charakterisiert (hier in etwas abgeänderter Form angegeben):

1. Beschreibung des Analysenverfahrens. Analysenvorschrift bis in alle Einzelheiten; Konzentrationsbereich; Eichgrundlagen (Eichfunktion oder -kurve); Hinweise auf mögliche systematische Fehler (Störelemente).

2. Beleganalysen und deren statistische Auswertung. Charakterisierung der Proben; Analysenwerte; Reproduzierbarkeitsangabe; Richtigkeitsprüfung.

3. Erwünschte Ergänzungen. Zeitbedarf; Kosten; Erprobung im Routinebetrieb.

Auch hier ist die Untermauerung des Urteils durch statistische Methoden zweckmäßig. Gefühlsmäßige Abschätzungen sind nur von bedingtem Wert und können leicht zu Fehlschlüssen führen.

[8.01] Bei der Diskussion eines neuen Analysenverfahrens wurde angegeben, daß die Resultate meist um $\pm$ 0,08 % streuen. Abweichungen von $\pm$ 0,15% seien selten. Unter der Annahme einer Gauß-Verteilung zeigte KIRSTEN, daß diese „seltenen" Fälle immerhin fast 13% aller erhaltenen Analysenwerte ausmachten.

Natürlich muß man die statistische Auswertung bereits von vornherein einplanen und darf sie nicht als bloße Zutat zum experimentellen Befund ansehen. Nur dann ist zu erwarten, daß sie das Höchstmaß an Aussage liefert.

8.1 Prüfen auf Störelemente (Faktorenexperiment)

Die Bestimmung eines Elementes wird häufig beeinflußt durch andere, in der Probe enthaltene Bestandteile (vgl. [1.02]). Beim Ausarbeiten eines neuen Analysenverfahrens prüft man deshalb, welche der üblichen Begleitelemente störend in Erscheinung treten können. Dazu führt man mehrere Bestimmungen an der gleichen Probe aus und setzt vor jeder Analyse eines oder mehrere der interessierenden Elemente zu. Als Beispiel hierfür zeigt Schema 1 die Anlage eines solchen allereinfachsten Prüfversuches der flammenphotometrischen Bestimmung von Natrium neben Kalium und Calcium. Die Indices an den Elementsymbolen deuten an, ob das Element fehlt (0) oder ob es anwesend ist (1). Zur Auswertung des Versuches betrachtet man üblicherweise die Differenz zwischen den

Schema 1. Anlage des Versuches zum Prüfen der flammenphotometrischen Natriumbestimmung auf Störung durch Calcium und Kalium

Bedingung	Probe	
K_0Ca_0	$1'$	$1''$
K_0Ca_1	$2'$	$2''$
K_1Ca_0	$3'$	$3''$
K_1Ca_1	$4'$	$4''$

zusammengehörigen Meßwerten auf der oberen und unteren Stufe (vgl. Schema 2). Ist diese Differenz größer als der Versuchsfehler, so nimmt man einen Störeinfluß an und umgekehrt. Diese sogenannte klassische Versuchsauswertung baut ihre Aussagen stets auf nur einen Teil der

Schema 2. Klassische Auswertung beim Prüfen auf Störelemente

Wirkung	aus Proben
Einfluß Kalium	$1 \longleftrightarrow 3$
Einfluß Calcium	$1 \longleftrightarrow 2$
Einfluß Kalium $+$ Calcium	$1 \longleftrightarrow 4$
Versuchsfehler	aus den Doppelbestimmungen

Meßwerte auf. Sie nutzt deshalb das verfügbare Zahlenmaterial schlecht aus. Diesen Nachteil vermeidet das *Faktorenexperiment* (Schema 3). Es gestattet, den Einfluß der einzelnen Elemente (Hauptwirkungen) und

Schema 3. Auswertung des gleichen Versuches mit Hilfe des Faktorenexperimentes

Wirkung	aus Proben
Einfluß Kalium	$1 + 2 \longleftrightarrow 3 + 4$
Einfluß Calcium	$1 + 3 \longleftrightarrow 2 + 4$
Wechselwirkung Kalium $\times$ Calcium	$4 - 2 \longleftrightarrow 3 - 1$
Versuchsfehler	aus den Doppelbestimmungen

ihre gegenseitige Wechselwirkung aus sämtlichen vorhandenen Meßwerten abzuleiten. Außerdem lassen sich bei dieser Art der Auswertung eventuelle Wechselwirkungen besser beurteilen. Faktorenexperimente werden gekennzeichnet

1. Durch die Zahl der Faktoren (Störelemente);
2. Durch die Zahl der Stufen für jeden Faktor.

Das Beispiel der flammenphotometrischen Natriumbestimmung enthält zwei Faktoren (Calcium und Kalium), beide treten in zwei Stufen auf (0 bzw. 1). Man bezeichnet dies als 2×2-Faktorenexperiment. In

[8.02] werden zwei Faktoren auf zwei bzw. drei Stufen untersucht, es handelt sich dort also um ein 2×3-Faktorenexperiment. Aus der Bezeichnung des Experimentes kann man auf die Zahl der benötigten Proben schließen. Für ein 2×2-Faktorenexperiment benötigt man vier, für ein 2×3-Faktorenexperiment sechs verschieden zusammengesetzte Proben. Die Bestimmung der gesuchten Haupt- und Wechselwirkungen erfolgt mit Hilfe der Varianzanalyse. Bei N Faktoren benötigt man eine N-fache Varianzanalyse. Für den hier durchgeführten Zweifaktorenversuch ist also eine doppelte Varianzanalyse erforderlich. Wegen der Doppelbestimmung jedes Meßwertes bildet man zwei Tafeln, deren eine die Summe, deren andere die Differenz der zusammengehörigen Messungen x_i' und x_i'' enthält. Aus der Tafel für die Summen $x_i' + x_i''$ berechnet man

1. Die Streuung aller Zeilenmittelwerte um den Gesamtmittelwert (= Streuung „zwischen den Zeilen");

2. Die Streuung aller Spaltenmittelwerte um den Gesamtmittelwert (= Streuung „zwischen den Spalten");

3. Die Streuung aller Doppelbestimmungen um den Gesamtmittelwert (= Streuung „zwischen den Doppelbestimmungen").

Die Wechselwirkung zwischen den Zeilen und Spalten erhält man, indem man von der Quadratsumme für die Streuung „zwischen den Doppelbestimmungen" die beiden anderen Quadratsummen „zwischen den Zeilen" und „zwischen den Spalten" abzieht. Aus der Tafel für die Differenzen $x_i' - x_i''$ berechnet man in Analogie zu Gl. 3.04 den Versuchsfehler. Die Gesamtstreuung bestimmt man schließlich in der gewohnten Weise aus den einzelnen Meßwerten x_i.

Besitzt die aufgestellte Summentafel p Zeilen und q Spalten, so erhält man für die Ausführung der doppelten Varianzanalyse mit Doppelbestimmung der Werte folgendes allgemeines Schema (mit $X_i = x_i' + x_i''$):

Ursache	Quadratsummen	Freiheitsgrade	Varianzen
Streuung zwischen den Zeilen	$QS_1 = 2q \, \Sigma(\bar{\bar{X}}_p - \bar{\bar{x}})^2$	$n_1 = p - 1$	$s_1^2 = \dfrac{QS_1}{n_1}$
Streuung zwischen den Spalten	$QS_2 = 2p \, \Sigma(\bar{\bar{X}}_q - \bar{\bar{x}})^2$	$n_2 = q - 1$	$s_2^2 = \dfrac{QS_2}{n_2}$
Streuung zwischen den Doppelbestimmungen	$QS_3 = \Sigma(X_i - \bar{\bar{x}})^2$		
Wechselwirkung Spalten $\times$ Zeilen	$QS_4 = QS_3 - QS_1 - QS_2$	$n_4 = (p-1)(q-1)$	$s_4^2 = \dfrac{QS_4}{n_4}$
Versuchsfehler	$QS_5 = \Sigma(x_i' - x_i'')^2$	$n_5 = pq$	$s_5^2 = \dfrac{QS_5}{n_5}$
Gesamtstreuung	$QS = \Sigma(x_i - \bar{\bar{x}})^2$	$n = 2pq - 1$	

[8.02] Die flammenphotometrische Natriumbestimmung sollte auf ihre Störung durch Kalium und Calcium geprüft werden. Diese beiden Elemente wurden Proben mit je 100 mg Na^+/l gemäß folgendem Schema zugesetzt

$$K_0Ca_0 \qquad K_0Ca_1 \qquad K_0Ca_2$$
$$K_1Ca_0 \qquad K_1Ca_1 \qquad K_1Ca_2.$$

Die Faktoren waren wie folgt abgestuft:

$$K_0 = 0 \qquad K_1 = 100 \text{ mg K}$$
$$Ca_0 = 0 \qquad Ca_1 = 100 \text{ mg Ca} \qquad Ca_2 = 200 \text{ mg Ca}.$$

Bei der Analyse ergaben sich folgende Resultate (in Milligramm Na^+/l):

	Ca_0	Ca_1	Ca_2
K_0	99/101	100/103	105/108
K_1	101/103	104/105	109/107

Zum Vereinfachen transformiert man die Werte nach $X_i = x_i - 100$ und erhält (Tafel 1):

Tafel 1. Transformierte Werte X_i

	Ca_0	Ca_1	Ca_2
K_0	$-1/+1$	$0/+3$	$+5/+8$
K_1	$+1/+3$	$+4/+5$	$+9/+7$

Aus diesen Werten bildet man die zwei Tafeln für die Summen und Differenzen.

Tafel 2. Summen $X_i = X_i' + X_i''$

	Ca_0	Ca_1	Ca_2	Summe	Mittel
K_0	0	3	13	16	2,67
K_1	4	9	16	29	4,83
Summe	4	12	29	45	
Mittel	1	3	7,25		

Tafel 3. Differenzen $X_i' - X_i''$

	Ca_0	Ca_1	Ca_2
K_0	2	3	3
K_1	2	1	2

Vergleichbarkeitsprüfung

1. Für die Hauptwirkung Kalium untersucht man aus Tafel 2 die beiden Meßserien

$$\begin{bmatrix} 0 \\ 3 \\ 13 \end{bmatrix} \qquad \begin{bmatrix} 4 \\ 9 \\ 16 \end{bmatrix}$$

Da hier nur zwei Meßserien zu vergleichen sind, wird die F-Prüfung (Gl. 4.01) angewandt. Man erhält

$$F = \frac{46,33}{36,33} = 1,28$$

Bei $P = 95\%$ und $n_1 = n_2 = 2$ Freiheitsgraden wird $F(P, n_1, n_2) = 19,00$. Die Serien dürfen also verglichen werden, da $F < F(P, n_1, n_2)$.

2. Für die Hauptwirkung des Calciums untersucht man die drei Serien

$$\boxed{\begin{matrix} 0 \\ 4 \end{matrix}} \qquad \boxed{\begin{matrix} 3 \\ 9 \end{matrix}} \qquad \boxed{\begin{matrix} 13 \\ 16 \end{matrix}}$$

Die χ^2-Prüfung liefert $\chi^2 = 2,303\,(3,026 - 2,812) = 0,493$. Mit $n = 2$ Freiheitsgraden ist $\chi^2(P, n) = 5,99$, also auch hier besteht Vergleichbarkeit, da $\chi^2 < \chi^2(P, n)$.

Berechnung der einzelnen Quadratsummen

1. Einfluß des Kaliums (Hauptwirkung K) aus Tafel 2:

$$QS_1 = \frac{16^2 + 29^2}{6} - \frac{45^2}{12} = 14,08 \ (\text{mit } n_1 = 1 \ \text{FG}).$$

2. Einfluß des Calciums (Hauptwirkung Ca) aus Tafel 2:

$$QS_2 = \frac{4^2 + 12^2 + 29^2}{4} - \frac{45^2}{12} = 81,50 \ (\text{mit } n_2 = 2 \ \text{FG}).$$

3. Wechselwirkung Kalium $\times$ Calcium (aus Tafel 2). Man bestimmt zunächst die Quadratsumme für die Streuung „zwischen den Doppelbestimmungen" und erhält daraus durch Subtraktion der unter 1. und 2. gefundenen Quadratsummen die gesuchte Größe

$$QS_3 = \frac{0^2 + 3^2 + 13^2 + 4^2 + 9^2 + 16^2}{2} - \frac{45^2}{12} = 96,75$$

$$QS_4 = 96,75 - 14,08 - 81,50 = 1,17 \ (\text{mit } n_4 = 2 \ \text{FG}).$$

4. Versuchsfehler aus Tafel 3:

$$QS_5 = \frac{2^2 + 3^2 + 3^2 + 2^2 + 1^2 + 2^2}{2} = 15,50 \ (\text{mit } n_5 = 6 \ \text{FG}).$$

5. Gesamtstreuung aus Tafel 1:

$$QS = 1^2 + 1^2 + 0^2 + 3^2 + \ldots + 7^2 - \frac{45^2}{12} = 112,25 \ (\text{mit } n = 11 \ \text{FG}).$$

Zusammenfassung

Ursache	Quadratsummen	FG	Varianz
Hauptwirkung K	14,08	1	14,08
Hauptwirkung Ca	81,50	2	40,75
Wechselwirkung Ca $\times$ K	1,17	2	0,59
Versuchsfehler	15,50	6	2,58
Gesamt	112,25	11	

Die Wechselwirkung liegt innerhalb der Zufallsstreuung. Deshalb darf man ihre Quadratsumme und ihre Freiheitsgrade zum Versuchsfehler schlagen. Man erhält als neuen Versuchsfehler

	Quadratsummen	FG	Varianz
Wechselwirkung Ca $\times$ K	1,17	2	
Versuchsfehler	15,50	6	
Neuer Versuchsfehler	16,67	$n_6 = 8$	$S_6^2 = 2,08$

Nullhypothese

Hauptwirkung Kalium:

$$F = \frac{14{,}08}{2{,}08} = 6{,}77.$$

Mit $n_1 = 1$ und $n_2 = 8$ Freiheitsgraden wird $F(99, n_1, n_2) = 11{,}26$ und $F(95, n_1, n_2) = 5{,}32$. Der Einfluß des Kaliums ist zwar nicht gesichert, man wird ihn aber — als den ungünstigeren Fall — als vorhanden ansehen.

Hauptwirkung Calcium:

$$F = \frac{40{,}75}{2{,}08} = 19{,}59.$$

Bei $P = 99\%$ und $n_1 = 2$ und $n_2 = 8$ Freiheitsgraden wird $F(P, n_1, n_2) = 8{,}65$, der Einfluß des Calciums ist also gesichert.

Es interessiert nun noch, wieweit die Veränderung dieses Faktors von einer Stufe zur anderen sich auswirkt. Dies prüft man mit dem Duncan-Test gemäß Gl. 4.09. Man erhält bei $P = 95\%$ für Ca_1 gegenüber Ca_0

$$q = \frac{3{,}00 - 1{,}00}{\sqrt{2{,}08}} \ \sqrt{4} = 2{,}77 < q(P, p, n_6) = 3{,}26.$$

Für Ca_2 gegenüber Ca_1 ergibt sich

$$q = \frac{7{,}25 - 3{,}00}{\sqrt{2{,}08}} \ \sqrt{4} = 5{,}88 > q(P, p, n_6) = 3{,}26.$$

Damit ist bei Anwesenheit der gleichen Menge Calcium kein Störeinfluß nachzuweisen, der Störeinfluß ist nur nachweisbar, wenn Calcium in der doppelten Menge wie Natrium und mehr vorliegt.

Nachteilig bei allen diesen Faktorenexperimenten ist, daß mit Zunahme der untersuchten Faktoren und Stufen der benötigte experimentelle und rechnerische Aufwand sehr rasch anwächst. Für die Durchführung der erforderlichen mehrfachen Varianzanalysen sei verwiesen auf Linder und auf Weber. Oftmals ist es möglich, das Experiment so anzulegen, daß alle Wechselwirkungen zwischen mehr als zwei Faktoren mit geringerer Präzision bestimmt werden. Man bezeichnet dieses Verfahren als *Vermengen* (engl. Confounding). Auch hierfür sei auf Linder (1953) verwiesen. Schließlich wurde auch versucht, Faktorenexperimente graphisch mit Hilfe von Karteikarten auszuwerten (Daeves u. Beckel; Reitz u. O'Brien; Wernimont).

8.2 Reproduzierbarkeitsbewertung

Als Reproduzierbarkeitsmaß des Verfahrens bestimmt man die Standardabweichung (Gl. 3.03 oder 3.04) aus den Beleganalysen. Dabei ist auf eine genügend große Zahl von Freiheitsgraden (mindestens 10—15) zu achten. Aus der Standardabweichung berechnet man noch den Vertrauensbereich des Mittelwertes aus N_j Parallelbestimmungen. Bei einem sehr weiten Konzentrationsbereich (mehrere Zehnerpotenzen) kann die Reproduzierbarkeit veränderlich sein, je nachdem, ob man bei kleinen oder großen Gehalten arbeitet. In solchen Fällen kann man für Teilabschnitte des Bereiches gesonderte Reproduzierbarkeiten angeben, um ein gewaltsames Schematisieren zu vermeiden. Reproduzierbarkeit und Konzentrationsbereich müssen in gewissen Proportionen stehen. Zum Beispiel ist es sinnlos, ein Verfahren mit einer Reproduzierbarkeit von $+200\ldots-50^0/_0$ (relativ) im Bereich nur einer oder zweier Zehnerpotenzen einzusetzen.

Nach KAISER u. SPECKER kann man als Reproduzierbarkeitsmaß des Verfahrens den Pearsonschen Variabilitätskoeffizienten

$$\Gamma = \frac{\bar{x}}{s}$$

$\bar{x}$ = Mittelwert des Konzentrationsbereiches; s = Standardabweichung

benutzen. Danach ergibt ein Verfahren mit einer relativen Standardabweichung von $s_r = 0,01 \mathrel{\hat=} 1^0/_0$ als Maßzahl $\Gamma = 100$, bei $s_r = 0,001 \mathrel{\hat=}$ $\mathrel{\hat=} 0,1^0/_0$ würde $\Gamma = 1000$. Der Variabilitätskoeffizient bietet also begriffliche Vorteile, da er eine gute Reproduzierbarkeit durch eine große Maßzahl kennzeichnet. Jedoch kann die Bestimmung von $\bar{x}$ problematisch werden, sobald der Konzentrationsbereich mehrere Zehnerpotenzen umfaßt.

Bei einem Verfahren mit Blindwert soll dieser im Rahmen der Standardabweichung der Methode streuen. Man kann dann aus vielen Blindversuchen einen mittleren Blindwert bestimmen und alle Einzelanalysen darauf beziehen. Mit Hilfe des experimentell gemessenen Blindwertes ist es möglich, den kleinsten, noch gesichert nachweisbaren Meßwert zu berechnen. Als Nachweisgrenze für einen Mittelwert aus N_j Parallelbestimmungen ergibt sich[1]

$$\bar{x}_u = \bar{x}_B + \frac{t(P, n) \cdot s_B}{\sqrt{N_j}} \tag{8.01}$$

$\bar{x}_u$ = Kleinster nachweisbarer Mittelwert aus N_j Messungen;
s_B = Standardabweichung der Blindwerte mit n Freiheitsgraden;
$\bar{x}_B$ = Mittlerer Blindwert.

Die Durchschnittsbildung über mehrere Analysen drückt also nach Gl. 8.01 die Nachweisgrenze des Verfahrens herunter. Es ist günstiger, die Nachweisgrenze für ein Verfahren in der hier angegebenen Weise zu berechnen, als sie aus unsicheren Analysen mit geringen Gehalten zu bestimmen. Wegen der Bedeutung dieser Größe sollte man die statistische

---

[1] Gl. 8.01 ergibt sich aus Gl. 4.07, wenn die Blindwert- und Verfahrensstandardabweichungen gleichgroß sind ($s_B = s$) und wenn die Zahl der Blindbestimmungen groß ist gegenüber der Zahl der Parallelbestimmungen bei der Analyse ($N_B \gg N_j$). Durch diese Vereinfachung begeht man zwar einen kleinen Fehler (den man in jedem speziellen Fall leicht abschätzen kann), jedoch läßt sich nunmehr die Nachweisgrenze allein aus den Blindwertmessungen berechnen.

Streuen die Blindwerte stärker als die Standardabweichung des Verfahrens, so muß jeder Meßwert mit „seinem" Blindwert kombiniert werden. Über die Berechnung der Nachweisgrenze in diesem Falle vergleiche KAISER u. SPECKER.

Sicherheit nicht zu gering wählen. Bei physikalischen oder physikalisch-chemischen Analysenverfahren mißt man nicht unmittelbar den Gehalt des untersuchten Stoffes, sondern bestimmt ihn aus einer Hilfsgröße (z.B. Extinktion) über die Eichfunktion. In diesem Falle muß man die Meßgröße zur Angabe der Nachweisgrenze natürlich ins Konzentrationsmaß umrechnen.

[8.03] Bei der photometrischen Eisenbestimmung wurde aus 20 Blindversuchen die mittlere Blindextinktion zu $E_B = 0{,}015$ bestimmt. Die zugehörige Standardabweichung betrug $s_B = 0{,}003$ mit $n = N - 1 = 19$ Freiheitsgraden. Für $N_f = 3$ und mit $P = 99\%$ ergibt sich die Nachweisgrenze nach Gl. 8.01 zu

$$\bar{E}_u = 0{,}015 + \frac{2{,}86 \cdot 0{,}03}{\sqrt{3}} = 0{,}020.$$

Zum Umrechnen ins Konzentrationsmaß stellt man aus der Analyse eines gut bestimmbaren Gehaltes die Eichfunktion auf nach der Form

$$E - \bar{E}_B = f c.$$

Für $c = 3\,\mu g$ Fe/ml ergab sich $E = 0{,}805$. Damit wird

$$f = \frac{0{,}805 - 0{,}015}{3} = 0{,}263$$

und

$$\bar{c} = \frac{\bar{E}_u}{f} - \frac{\bar{E}_B}{f} = \frac{0{,}020 - 0{,}015}{0{,}263} \approx 0{,}019\,\mu g \text{ Fe/ml}.$$

8.3 Richtigkeitsprüfung der Beleganalysen

Zur Richtigkeitsprüfung der Beleganalysen vergleicht man die Differenz zwischen vorgegebenen (x_i) und gefundenen (y_i) Werten mit dem aufgetretenen Versuchsfehler. Dabei muß der Fehler der vorgegebenen Werte vernachlässigbar klein sein gegenüber dem Fehler der gefundenen Resultate. Man prüft, ob bei den gefundenen Werten ein konstanter und ein linear veränderlicher Fehler aufgetreten sind (vgl. Abschnitt 1), indem man nach den Regeln von 7.2 die Differenzen $\Delta_i = y_i - x_i$ in Abhängigkeit von x_i ausgleicht. Es ist also

$$\Delta_i = y_i - x_i = A + Bx_i. \tag{8.02}$$

Treten systematische Fehler auf, so weichen die Konstanten A und B gesichert von ihrem Idealwert Null ab. Da die beiden Konstanten durch die Ausgleichung miteinander verknüpft sind, müssen sie bei der Prüfung gegen Null gemeinsam betrachtet werden[1]. Dies führt zu einer zweidimensionalen Verteilung, deren graphische Darstellung Abb. 22 zeigt. Dem Maximum der Glockenkurve (Abb. 12) entspricht hier der Mittelpunkt, als Streuungsmaß ergibt sich

$$s^2 = s_A^2 + s_B^2$$

s_A, s_B = Teilstreuungen in Richtung der A- bzw. B-Achse.

---

[1] Das wird bei einem ähnlichen von Youden angegebenen Verfahren nicht berücksichtigt. — Näheres zu zweidimensionalen Verteilungen siehe Lorenz.

Zur Rechnung transformiert man die Kurve zweckmäßigerweise derart, daß ihr Mittelpunkt mit dem Koordinatenursprung zusammenfällt (normierte zweidimensionale Verteilung). Diese Normierung erfolgt nach

$$A' = \frac{A}{s_A} \qquad B' = \frac{B}{s_B} \, . \qquad (8.03)$$

Man kann dann den Streubereich in Polarkoordinaten angeben, er ist

$$\Delta x(\varphi) = t(P,\, n)\, \sqrt{1 - \bar{x}\, \frac{s_B}{s_A}\, \sin 2\varphi} \, . \qquad (8.04)$$

Die Prüfung der Konstanten A und B besteht darin, daß man den Streubereich graphisch darstellt und den Punkt $\Pi[(A/s_A);\, (B/s_B)]$ einzeichnet. Systematische Abweichungen sind nachgewiesen, wenn dieser Punkt außerhalb des Kurvenzuges liegt. Die Prüfung kann auch auf rechnerischem Wege erfolgen durch Vergleich der Strecken $O\Pi$ gegenüber $\Delta x(\varphi_\Pi)$. Dabei ist

$$O\Pi = \sqrt{A'^2 + B'^2} \, . \qquad (8.05)$$

$\Delta x(\varphi_\Pi)$ erhält man aus Gl. 8.04 mit

$$\varphi_\Pi = \mathrm{arc\ tan}\, \frac{A'}{B'} \, .$$

Systematische Abweichungen sind nachgewiesen, wenn $O\Pi > \Delta x(\varphi_\Pi)$.

[8.04] Bei der gravimetrischen Bestimmung von Calcium neben Magnesium ergab eine Analysenserie folgende Werte (Zahlen entnommen YOUDEN, Rechnung entnommen HERFURTH; alle Werte sind in Milligramm Ca angegeben):

Gegeben (x_i)	Gefunden (y_i)	Differenzen $\Delta_i = y_i - x_i$	Gegeben (x_i)	Gefunden (y_i)	Differenzen $\Delta_i = y_i - x_i$
4,0	3,7	$-\,0,3$	25,0	24,5	$-\,0,5$
8,0	7,8	$-\,0,2$	31,0	31,1	$+\,0,1$
12,5	12,1	$-\,0,4$	36,0	35,5	$-\,0,5$
16,0	15,6	$-\,0,4$	40,0	39,4	$-\,0,6$
20,0	19,8	$-\,0,2$	40,0	39,5	$-\,0,5$

$$\Sigma x_i = 232{,}5 \qquad \Sigma \Delta_i = -\,3{,}5 \qquad \Sigma x_i^2 = 6974{,}25$$
$$\bar{x} = 23{,}25 \qquad \bar{\Delta} = -\,0{,}35 \qquad \Sigma \Delta_i^2 = 1{,}61$$
$$\bar{x}^2 = 540{,}5625 \qquad \bar{\Delta}^2 = 0{,}1225 \qquad \Sigma x_i \Delta_i = -\,89{,}6$$
$$N = 10$$

Konstanten der Ausgleichsgeraden (Gl. 7.01)

$$B = \frac{-\,89{,}6 + 10 \cdot 23{,}25 \cdot 0{,}35}{6974{,}25 - 10 \cdot 540{,}5125} = -\,0{,}005\,243$$

$$A = -\,0{,}35 + 0{,}005\,243 \cdot 23{,}25 = -\,0{,}2281 \, .$$

Streuung der Meßwerte um die Ausgleichsgerade (Gl. 7.02 und 7.03).

$$s_\Delta^2 = \frac{1}{8}\, [1{,}61 - 10 \cdot 0{,}1225 - B^2\, (6974{,}25 - 10 \cdot 540{,}5125)] = 0{,}042\,737 \, .$$

Teilstreuungen (Gl. 7.04)

$$s_B = \sqrt{\frac{0{,}042\,737}{6974{,}25 - 10 \cdot 540{,}5125}} = 0{,}00522$$

$$s_A = 0{,}00522 \sqrt{\frac{6974{,}25}{10}} = 0{,}138\,.$$

Normieren der Verteilung (Gl. 8.03)

$$B' = \frac{-0{,}005\,243}{0{,}00522} = -1{,}0044$$

$$A' = \frac{-0{,}2281}{0{,}138} = -1{,}653\,.$$

Streubereich der normierten Verteilung mit $P = 99\%$ (Gl. 8.04)

$$\Delta x(\varphi) = 3{,}36 \sqrt{1 - 23{,}25 \cdot \frac{0{,}00522}{0{,}138} \cdot \sin 2\varphi}\,.$$

Graphische Prüfung der Konstanten A und B siehe Abb. 22.

Rechnerische Prüfung der Konstanten A und B (Gl. 8.05)

$$\varphi'_\Pi = \arctan \frac{1{,}653}{1{,}0044} = 58{,}75°$$

$$\varphi_\Pi = 180{,}00 + 58{,}75 = 238{,}75°$$

$$\Delta x(\varphi_\Pi) = 3{,}36 \sqrt{1 - 0{,}88 \sin 62{,}5°} = 1{,}57$$

$$O\Pi = \sqrt{1{,}0044^2 + 1{,}653^2} = 1{,}934\,.$$

Da $O\Pi > \Delta x(\varphi_\Pi)$, sind in dem Verfahren systematische Fehler nachgewiesen.

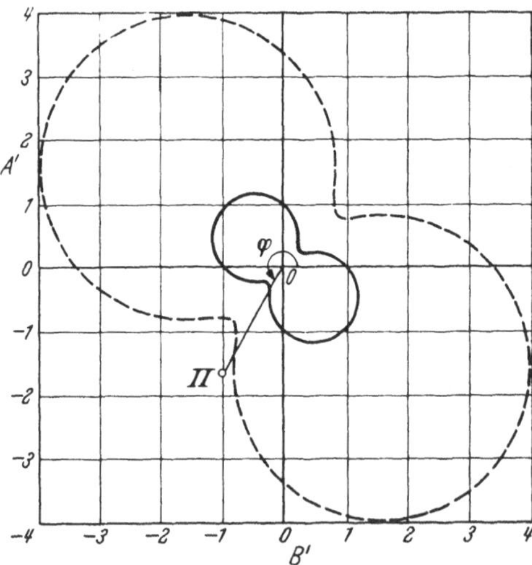

Abb. 22. Zweidimensionale normierte Verteilung (——) mit zugehörigem Streubereich für $P = 99\%$ (— — —)

Will man nur auf einen konstanten Fehler prüfen, so vereinfacht sich die Rechnung. Man ermittelt aus jedem Wertepaar die Differenz $\Delta_i = y_i - x_i$ und prüft den Mittelwert $\bar{\Delta}$ auf seine Abweichung gegen Null. Diese vereinfachte Prüfung ist nur dann am Platze, wenn die einzelnen Differenzen regellos um den Mittelwert $\bar{\Delta}$ streuen (vgl. Abb.23). Zeigen sie dagegen einen von der Meßwertgröße abhängigen „Gang", so deutet dies auf die Anwesenheit eines veränderlichen Fehlers.

[8.05] Zur Prüfung einer neuen maßanalytischen Sulfatbestimmung im Wasser (Geyer u. Doerffel) wurden von sechs Wasserproben Analysen nach der neuen und nach der herkömmlichen gravimetrischen Methode durchgeführt. Folgende Werte wurden gefunden (Milligramm SO_4^{2-}/l):

Gravi-metrisch (x_i)	Maßana-lytisch (y_i)	Differenzen $\Delta_i = y_i - x_i$	Gravi-metrisch (x_i)	Maßana-lytisch (y_i)	Differenzen $\Delta_i = y_i - x_i$
226,2	223,3	$-3,0$	386,6	382,1	$-4,5$
273,5	274,0	$+0,5$	416,0	416,4	$+0,4$
338,5	333,5	$-5,0$	502,0	499,2	$-2,8$

$$\text{Summe} \quad \Sigma\Delta_i = -14,4$$
$$\text{Mittelwert} \quad \Delta = -2,40$$

$$s_\Delta = \sqrt{\frac{3,0^2 + 0,5^2 + \ldots - 14,4^2/6}{5}} = 2,36$$

$$t = \frac{2,40}{2,36}\sqrt{6} = 2,49.$$

Bei $P = 95\%$ und mit $n = 5$ Freiheitsgraden wird $t(P, n) = 2,57$. Da $t < t(P,n)$, ist in dem Verfahren trotz der Abweichung des Mittelwertes Δ von Null kein konstanter Fehler nachweisbar.

Als Ergebnis der Richtigkeitsprüfung haben zahlenmäßige Angaben bedingten Wert. Man wird daher nur vermerken, auf welche systematischen Fehler geprüft wurde und wie der Nachweis ausgefallen ist. Hier wie auch bei der Reproduzierbarkeitsbeurteilung wird man allgemeine Ausdrücke wie „größte Abweichung liegt bei…" oder „das Verfahren zeigt eine Genauigkeit von …" auf jeden Fall vermeiden. Zuweilen wird die Richtigkeit des Verfahrens (bzw. der Beleganalysen) aus einer Standardabweichung zwischen gegebenem und gefundenem Wert beurteilt. Diese Größe entspricht

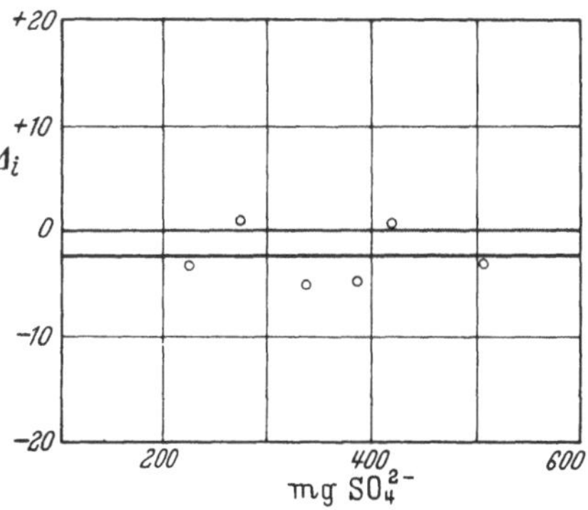

Abb. 28. Differenzen Δ_i zwischen gravimetrischer und titrimetrischer Sulfatbestimmung in Abhängigkeit vom Gehalt der Proben

der Streuung der Einzelwerte um die Ausgleichsgerade (Gl. 7.02), sie sagt jedoch nichts aus über einen eventuellen konstanten oder veränderlichen Fehler. Deshalb ist sie als Richtigkeitskriterium wenig brauchbar.

Die beschriebenen Prüfverfahren können versagen, wenn in den untersuchten Proben ein störendes Element in schwankender Menge auftritt. Dieses kann die Streuung der Meßwerte verstärken und damit den Fehlernachweis unempfindlich machen. Ein Störelement in stets gleichbleibender Menge äußert sich oft als konstanter Fehler.

8.4 Erprobung im Routinebetrieb

Es ist ratsam, ein Verfahren vor seiner Veröffentlichung einige Zeit unter den meist wesentlich rauheren Bedingungen der Routineanalyse zu erproben. Dadurch erhält man ein Bild über die „schwachen Stellen", außerdem zeigt sich, inwieweit die Leistungsfähigkeit des Verfahrens durch verschiedene Arbeitsbedingungen verändert wird. Für eine derartige Prüfung gibt Moran einen sehr detaillierten Plan. Dieser sieht (in etwas abgeänderter Form[1]) folgende Schritte vor:

1. Prüfen unter Idealbedingungen. 1.1 Es werden drei oder vier Proben mit verschiedenen, bekannten Gehalten ausgesucht. Die Menge des Probenmaterials soll eine ausreichende Zahl von Bestimmungen gestatten, die Gehalte sollen den gesamten interessierenden Konzentrationsbereich umspannen. Die Proben können natürlicher Art sein oder auch künstliche Gemische (sofern dadurch keine unzulässigen Vereinfachungen auftreten).

1.2 Man sucht einen möglichst guten Analytiker aus, am besten diejenige Arbeitskraft, die die Methode ausgearbeitet hat.

1.3 Für die Analysen sind garantiert reine Reagentien, neu eingestellte Lösungen, absolut reines destilliertes Wasser und einwandfreie Geräte und Apparaturen bereitzustellen.

1.4 Jede Probe wird mehrfach analysiert, so daß man insgesamt etwa 20 Analysenwerte hat. Diese Analysen sollen unter möglichst günstigen Bedingungen durchgeführt werden.

1.5 Als Maß für die Reproduzierbarkeit berechnet man die Standardabweichung s_1 (Gl. 3.03) und erhält den zugehörigen Streubereich. Zur Richtigkeitskontrolle vergleicht man die vorgegebenen mit den gefundenen Werten (8.3). Nur wenn die erwartete Reproduzierbarkeit erreicht oder übertroffen wird und wenn keine systematischen Fehler nachzuweisen sind, ist das Verfahren reif für die nachfolgende Prüfung. Andernfalls ist erst noch weitere Entwicklungsarbeit notwendig.

2. Prüfen unter Routinebedingungen. 2.1 Man bereitet die gleichen Proben wie in 1.1

2.2 Man sucht einen Analytiker aus, der ähnliche Analysen routinemäßig durchführt.

2.3 In gewissen Abständen (wöchentlich o. ä.) werden unter Routinebedingungen zwei der bereitgestellten Proben zusammen mit ähnlichen Proben analysiert. Dabei führt man jedesmal eine Doppelbestimmung durch.

2.4 Die gefundenen Werte vergleicht man jedesmal mit dem vorgegebenen Wert. Liegen sie innerhalb des Streubereiches, so sind sie als

---

[1] Moran legt seinem Plan nur eine einzige Probe zugrunde. Es ist jedoch richtiger, mit Proben von verschiedenem Gehalt über den gesamten Konzentrationsbereich des Verfahrens zu prüfen.

gültig anzusehen. Liegen sie dagegen außerhalb, so ist nach einem eventuellen systematischen Fehler zu forschen (Reagentien, Geräte, Analysentechnik usw.). Hat man den Fehler aufgefunden und beseitigt, so wiederholt man die Analysen. Läßt sich kein Fehler entdecken, dann müssen die Werte in der gefundenen Weise bestehen bleiben.

2.5 Nach Ablauf einer längeren Zeitspanne berechnet man aus etwa 20 Doppelbestimmungen die Standardabweichung s_2 (Gl. 3.04). Lassen sich bei der Richtigkeitskontrolle zwischen gefundenem und vorgegebenem Wert gesicherte Unterschiede nachweisen, so sind im Routinebetrieb systematische Fehler vorhanden. Diese müssen aufgesucht und beseitigt werden.

3. *Gegenseitiger Vergleich.* Die Standardabweichungen s_1 und s_2 unterwirft man der F-Prüfung (4.11). Im allgemeinen wird $s_1 < s_2$ sein. Besteht zwischen beiden Standardabweichungen ein gesicherter Unterschied, so ist entweder die Routinearbeit verbesserungsbedürftig (Erziehung des Personals, Standardisierung der Ausrüstung) oder das Verfahren ist empfindlich gegen rauhe Arbeitsbedingungen.

Es kann vorkommen, daß man aus laboratoriumsbedingten Ursachen die geschilderte Erprobung eines neuen Verfahrens nicht durchführen kann. In solchen Fällen sollte man wenigstens eine ähnliche Prüfung durch einen anderen, nicht auf das Verfahren eingearbeiteten Analytiker vornehmen lassen.

Literatur: LINDER (1953); WEBER (1957); LORENZ; MANDEL u. LINNIG; REITZ, O'BRIEN u. DAVIES; OTTOLINI; GÄUMANN; SIEMON u. a.

9. Rechenhilfsmittel

Das übliche Rechenhilfsmittel des Chemikers ist die Logarithmentafel. Bei der meist benutzten fünfstelligen Tafel muß man (siehe GRÜSS) einen Rechenfehler von $s_p = 5 \cdot 10^{-3}\,{}^0/_0$ in Kauf nehmen. Das ist gleichbedeutend damit, daß man fünf gültige Ziffern in einem Resultat angeben darf. Dieser Fehler ist klein gegenüber allen anderen Fehlern, er darf vernachlässigt werden. Die logarithmische Auswertung läßt sich erleichtern, wenn man die Additionen und Subtraktionen mit einem Addiator ausführt.

Nächst der Logarithmentafel erfreut sich der Rechenschieber — und neuerdings die Rechenscheibe — großer Beliebtheit. Rechenschieber werden meist mit einer Skalenlänge von $l = 250$ mm oder $l = 500$ mm benutzt sowie im Taschenformat mit $l = 125$ mm. Bei den Rechenscheiben findet man Skalenlängen bis zu 900 mm. Nach GRÜSS beträgt der Rechenfehler beim Arbeiten mit dem Rechenschieber

$$s_p = \frac{23}{l}\sqrt{N}\ [{}^0/_0]. \tag{9.01}$$

$l =$ Skalenlänge in Millimeter, $N =$ Zahl der Ablesungen.

Eine zusammengesetzte Multiplikations-Divisionsaufgabe der Form $x \cdot y/z$ (üblicher Formeltyp zum Ausrechnen von Analysenergebnissen, vgl. z. B. Gl. 2.01) erfordert vier Ablesungen. Bei der gebräuchlichen Skalenlänge von $l = 250$ mm wird dann

$$s_p = \frac{23}{250} \sqrt{4} \approx 0{,}2\,^0/_0 \ (\text{rel.})\,.$$

Man darf also eine Reproduzierbarkeit der Rechnung auf drei Stellen erwarten. Das ist für routinemäßige Serienanalysen oft ausreichend. Die vielfach benutzten Rechenschieber der doppelten Länge ($l = 500$ mm)

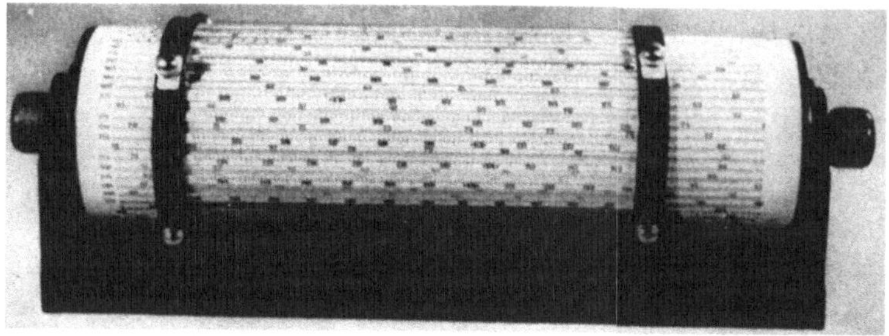

Abb. 24. Rechenwalze (Dieses Bild stellte freundlicherweise die Fa. K. E. Tröger, Mylau, Vogtland, zur Verfügung)

bringen nach Gl. 9.01 keinen wesentlichen Gewinn. Eine spürbare Verminderung des Rechenfehlers (d.h., man kann eine Dezimalstelle mehr ablesen) wird nach Gl. 9.01 erst durch eine zehnfache Skalenlänge erreicht.

Derartig lange Skalen sind bei den Rechenwalzen verwirklicht (Abb. 24). Hier ist die Skala in eine Reihe einzelner Bereiche unterteilt, die übereinander auf dem Körper einer Walze angebracht sind. Durch diese Anordnung erreicht man effektive Skalenlängen von 10 m und darüber. Die Handhabung der Rechenwalze entspricht völlig dem Rechenschieber. Als Rechenfehler erhält man für die gleiche zusammengesetzte Multiplikations-Divisionsaufgabe $x \cdot y/z$ bei einer Skalenlänge von 10 m nach Gl. 9.01

$$s_p = \frac{23}{10^4} \sqrt{4} \approx 5 \cdot 10^{-3}\,^0/_0 \ (\text{rel.})\,.$$

Das entspricht dem Fehler einer fünfstelligen Logarithmentafel. Die Rechenwalze verknüpft also die Vorzüge des Rechenschiebers (schnelles Rechnen, Bildung von Proportionen usw.) mit dem geringen Fehler der Logarithmentafel. Aus diesem Grunde sollte die Rechenwalze im Laboratoriumsbetrieb häufiger angewendet werden, als es bisher üblich ist.

Rechnungen auf viele Stellenzahlen (z. B. Varianzanalyse, Ausgleichs-
rechnung, oftmals auch Berechnung der Standardabweichung) erfordern
eine Vierspeciesrechenmaschine mit Rückübertragungsmöglichkeit vom
Resultat- in das Einstellwerk. Beim Arbeiten mit der Maschine soll man
den Rechengang so einrichten, daß man möglichst wenige Einstellungen
benötigt. Bei zusammengesetzten Multiplikations-Divisionsaufgaben
$x \cdot y/z$ wird man — im Gegensatz zum Rechenschieber — erst multipli-

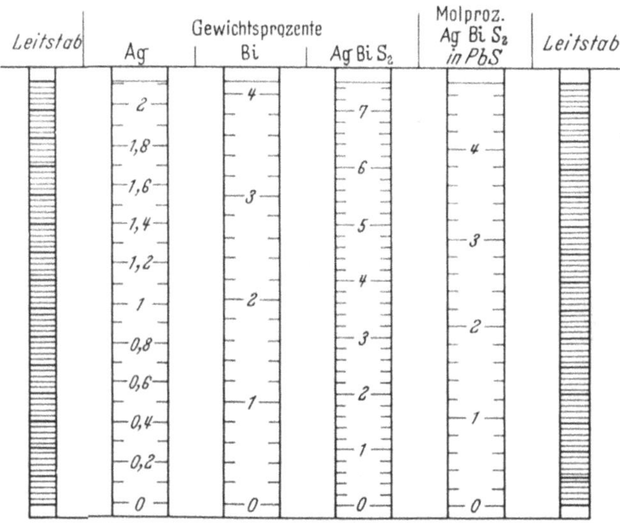

Abb. 25. Diagramm zum Umrechnen von Analysenwerten

zieren und dann dividieren. Zwischenergebnisse notiert man zur späteren
Kontrolle, ohne jedoch die Einstellung der Maschine zu löschen. Die
erhaltenen Resultate prüft man überschlägig (z. B. Rechenschieber), um
grobe Fehler — etwa durch Fortfall der ersten Ziffer infolge falscher
Schlittenstellung — zu vermeiden.
Die Auswertung von Serienanalysen geschieht zuweilen auf graphischem Wege. Dieses Verfahren bietet Vorteile, wenn man eine große
Anzahl von Werten rasch und ohne besonders hohe Anforderungen an die
Stellenzahl umrechnen will. Als Beispiel hierfür sei eine Leitertafel
gezeigt (Abb. 25), die gefundene Silber- oder Wismutgehalte auf Silber-
wismutglanz (AgBiS₂) umzurechnen gestattet (veröffentlicht in LEUTWEIN
u. HERRMANN). Kommen in der auszuwertenden Funktion mehrere
Veränderliche vor, so kann man geeignete Kurventafeln entwerfen. Es
ist dabei zu bedenken, daß — genau wie beim Rechenschieber — auch
für Nomogramme mit zunehmender Zahl der Variablen der Rechenfehler
steigt. Meist ist der Rechenschieber dem Nomogramm überlegen, es

gibt jedoch Spezialfälle, in denen die nomographische Auswertung rascher und einfacher zu handhaben ist als jede andere Rechenart (z. B. Auswerten von Meßergebnissen durch Eichkurven, quantitative leitprobenfreie Spektralanalyse usw.). Je geringer der Fehler bei einer graphischen Auswertung sein soll, um so größer muß der Maßstab der Skalen gewählt werden. Für einen etwas umfassenderen Konzentrationsbereich erhält man dann sehr bald umfangreiche und im Gebrauch unhandliche Tafeln (Schelinsky empfiehlt ein Nomogramm im Format Din A 2). Beim Entwurf von Nomogrammen ist es günstig, die Zeichnung zunächst in mehrfacher Größe auszuführen und sie dann photographisch zu verkleinern.

Literatur: Körwin; Willers.

10. Schlußbetrachtungen

In der vorliegenden Arbeit wurde versucht, die Vorzüge und Anwendungsmöglichkeiten statistischer Methoden in der analytischen Chemie herauszustellen. Daß die Ausführungen keinen Anspruch auf Vollständigkeit erheben wollen, wurde bereits anfänglich vermerkt. Die Arbeit sollte zeigen, daß die statistische Auswertung von Analysenergebnissen zwar an keine besonderen mathematischen Voraussetzungen geknüpft ist, daß jedoch die Statistik nicht als starres Schema angesehen werden darf. Für ihren richtigen Einsatz muß man mit den zugrunde liegenden mathematischen Gedankengängen gleichermaßen vertraut sein wie mit der chemisch-analytischen Aufgabenstellung. Um den statistischen Methoden zu ihrer vollen Wirksamkeit zu verhelfen, ist es erforderlich, sie bereits bei der Anlage des Experimentes gebührend zu berücksichtigen. Die richtige Planung eines Versuches ist ebenso wichtig wie seine ordnungsgemäße Auswertung.

Die Statistik will kein Ersatz für Bestehendes sein. Sie ist weder ein Zaubermittel, das aus handwerklich unsauber ausgeführten Analysen einwandfreie Resultate ableitet, noch kann sie langjährige analytische Erfahrung überflüssig machen. Vielmehr ermöglicht sie dem Analytiker ein Urteil über die Zuverlässigkeit seiner Werte und hilft ihm, unsaubere Arbeit leichter und sicherer zu erkennen als durch bloße subjektive Beurteilung. Im gleichen Maße verleiht sie dem erfahrungsmäßig gewonnenen Wissen besonderes Gewicht, da sie dieses in exakte Formulierungen zu kleiden vermag. Die Statistik erleichtert also die Interpretation von Werten und die Verständigung der Analytiker untereinander, sie ist damit als neues, zusätzliches Hilfsmittel in der Hand des Analytikers anzusehen. Ihr Vorzug zeigt sich um so mehr, je weitergehend man sie anwendet. Es wäre daher zu begrüßen, wenn von diesen Vorteilen allgemeiner Gebrauch zu allseitigem Nutzen gemacht würde.

11. Tabellen 4—8

Tabelle 4.1. *Grenzwerte zur F-Prüfung für $P = 95\%$ in Abhängigkeit von der Zahl der Freiheitsgrade n_1 und n_2*
(Werte entnommen GRAF-HENNING 1958)
Zur Interpolation im Gebiet $n_1 < 24$ und $n_2 < 120$ trägt man $F(1/n)$ auf

n_2	$n_1 = 1$	$n_1 = 2$	$n_1 = 3$	$n_1 = 4$	$n_1 = 5$	$n_1 = 6$	$n_1 = 8$	$n_1 = 12$	$n_1 = 24$	$n_1 = \infty$	n_2
1	161,4	199,5	215,7	224,6	230,2	234,0	238,9	243,9	249,0	254,3	1
2	18,51	19,00	19,16	19,25	19,30	19,33	19,37	19,41	19,45	19,50	2
3	10,13	9,55	9,28	9,12	9,01	8,94	8,84	8,74	8,64	8,53	3
4	7,71	6,94	6,59	6,39	6,26	6,16	6,04	5,91	5,77	5,63	4
5	6,61	5,79	5,41	5,19	5,05	4,95	4,82	4,68	4,53	4,36	5
6	5,99	5,14	4,76	4,53	4,39	4,28	4,15	4,00	3,84	3,67	6
7	5,59	4,74	4,35	4,12	3,97	3,87	3,73	3,57	3,41	3,23	7
8	5,32	4,46	4,07	3,84	3,69	3,58	3,44	3,28	3,12	2,93	8
9	5,12	4,26	3,86	3,63	3,48	3,37	3,23	3,07	2,90	2,71	9
10	4,96	4,10	3,71	3,48	3,33	3,22	3,07	2,91	2,74	2,54	10
11	4,84	3,98	3,59	3,36	3,20	3,09	2,95	2,79	2,61	2,40	11
12	4,75	3,88	3,49	3,26	3,11	3,00	2,85	2,69	2,50	2,30	12
13	4,67	3,80	3,41	3,18	3,02	2,92	2,77	2,60	2,42	2,21	13
14	4,60	3,74	3,34	3,11	2,96	2,85	2,70	2,53	2,35	2,13	14
15	4,54	3,68	3,29	3,06	2,90	2,79	2,64	2,48	2,29	2,07	15
16	4,49	3,63	3,24	3,01	2,85	2,74	2,59	2,42	2,24	2,01	16
17	4,45	3,59	3,20	2,96	2,81	2,70	2,55	2,38	2,19	1,96	17
18	4,41	3,55	3,16	2,93	2,77	2,66	2,51	2,34	2,15	1,92	18
19	4,38	3,52	3,13	2,90	2,74	2,63	2,48	2,31	2,11	1,88	19
20	4,35	3,49	3,10	2,87	2,71	2,60	2,45	2,28	2,08	1,84	20
21	4,32	3,47	3,07	2,84	2,68	2,57	2,42	2,25	2,05	1,81	21
22	4,30	3,44	3,05	2,82	2,66	2,55	2,40	2,23	2,03	1,78	22
23	4,28	3,42	3,03	2,80	2,64	2,53	2,38	2,20	2,00	1,76	23
24	4,26	3,40	3,01	2,78	2,62	2,51	2,36	2,18	1,98	1,73	24
25	4,24	3,38	2,99	2,76	2,60	2,49	2,34	2,16	1,96	1,71	25
26	4,22	3,37	2,98	2,74	2,59	2,47	2,32	2,15	1,95	1,69	26
27	4,21	3,35	2,96	2,73	2,57	2,46	2,30	2,13	1,93	1,67	27
28	4,20	3,34	2,95	2,71	2,56	2,44	2,29	2,12	1,91	1,65	28
29	4,18	3,33	2,93	2,70	2,54	2,43	2,28	2,10	1,90	1,64	29
30	4,17	3,32	2,92	2,69	2,53	2,42	2,27	2,09	1,89	1,62	30
40	4,08	3,23	2,84	2,61	2,45	2,34	2,18	2,00	1,79	1,51	40
60	4,00	3,15	2,76	2,52	2,37	2,25	2,10	1,92	1,70	1,39	60
120	3,92	3,07	2,68	2,45	2,29	2,17	2,02	1,83	1,61	1,25	120
∞	3,84	2,99	2,60	2,37	2,21	2,09	1,94	1,75	1,52	1,00	∞
n_2	$n_1 = 1$	$n_1 = 2$	$n_1 = 3$	$n_1 = 4$	$n_1 = 5$	$n_1 = 6$	$n_1 = 8$	$n_1 = 12$	$n_1 = 24$	$n_1 = \infty$	n_2

Tabelle 4.2. *Grenzwerte zur F-Prüfung für $P = 99^0/_0$ in Abhängigkeit von der Zahl der Freiheitsgrade n_1 und n_2*
(Werte entnommen Graf-Henning 1958)
Zur Interpolation siehe Tab. 4.11.

n_2	$n_1 = 1$	$n_1 = 2$	$n_1 = 3$	$n_1 = 4$	$n_1 = 5$	$n_1 = 6$	$n_1 = 8$	$n_1 = 12$	$n_1 = 24$	$n_1 = \infty$
1	4052	4999	5403	5625	5764	5859	5981	6106	6234	6366
2	98,49	99,00	99,17	99,25	99,30	99,33	99,36	99,42	99,46	99,50
3	34,12	30,81	29,46	28,71	28,24	27,91	27,49	27,05	26,60	26,12
4	21,20	18,00	16,69	15,98	15,52	15,21	14,80	14,37	13,93	13,46
5	16,26	13,27	12,06	11,39	10,97	10,67	10,27	9,89	9,47	9,02
6	13,74	10,92	9,78	9,15	8,75	8,47	8,10	7,72	7,31	6,88
7	12,25	9,55	8,45	7,85	7,46	7,19	6,84	6,47	6,07	5,65
8	11,26	8,65	7,59	7,01	6,63	6,37	6,03	5,67	5,28	4,86
9	10,56	8,02	6,99	6,42	6,06	5,80	5,47	5,11	4,73	4,31
10	10,04	7,56	6,55	5,99	5,64	5,39	5,06	4,71	4,33	3,91
11	9,65	7,20	6,22	5,67	5,32	5,07	4,74	4,40	4,02	3,60
12	9,33	6,93	5,95	5,41	5,06	4,82	4,50	4,16	3,78	3,36
13	9,07	6,70	5,74	5,20	4,86	4,62	4,30	3,96	3,59	3,16
14	8,86	6,51	5,56	5,03	4,69	4,46	4,14	3,80	3,43	3,00
15	8,68	6,36	5,42	4,89	4,56	4,32	4,00	3,67	3,29	2,87
16	8,53	6,23	5,29	4,77	4,44	4,20	3,89	3,55	3,18	2,75
17	8,40	6,11	5,18	4,67	4,34	4,10	3,79	3,45	3,08	2,65
18	8,28	6,01	5,09	4,58	4,25	4,01	3,71	3,37	3,00	2,57
19	8,18	5,93	5,01	4,50	4,17	3,94	3,63	3,30	2,92	2,49
20	8,10	5,85	4,94	4,43	4,10	3,87	3,56	3,23	2,86	2,42
21	8,02	5,78	4,87	4,37	4,04	3,81	3,51	3,17	2,80	2,36
22	7,94	5,72	4,82	4,31	3,99	3,76	3,45	3,12	2,75	2,31
23	7,88	5,66	4,76	4,26	3,94	3,71	4,31	3,07	2,70	2,26
24	7,82	5,61	4,72	4,22	3,90	3,67	3,36	3,03	2,66	2,21
25	7,77	5,57	4,68	4,18	3,86	3,63	3,32	2,99	2,62	2,17
26	7,72	5,53	4,64	4,14	3,82	3,59	3,29	2,96	2,58	2,13
27	7,68	5,49	4,60	4,11	3,78	3,56	3,26	2,93	2,55	2,10
28	7,64	5,45	4,57	4,07	3,75	3,53	3,23	2,90	2,52	2,06
29	7,60	5,42	4,54	4,04	3,73	3,50	3,20	2,87	2,49	2,03
30	7,56	5,39	4,51	4,02	3,70	3,47	3,17	2,84	2,47	2,01
40	7,31	5,18	4,31	3,83	3,51	3,29	2,99	2,66	2,29	1,80
60	7,08	4,98	4,13	3,65	3,34	3,12	2,82	2,50	2,12	1,60
120	6,85	4,79	3,95	3,48	3,17	2,96	2,66	2,34	1,95	1,38
∞	6,64	4,60	3,78	3,32	3,02	2,80	2,51	2,18	1,79	1,00
n_2	$n_1 = 1$	$n_1 = 2$	$n_1 = 3$	$n_1 = 4$	$n_1 = 5$	$n_1 = 6$	$n_1 = 8$	$n_1 = 12$	$n_1 = 24$	$n_1 = \infty$

Tabelle 5. *Grenzwerte zur t- und χ^2-Prüfung in Abhängigkeit von der statistischen Sicherheit P und der Zahl der Freiheitsgraden*
(Werte entnommen GRAF-HENNING 1958)

n	$t(P, n)$		$\chi^2(P, n)$	
	$P = 95\%$	$P = 99\%$	$P = 95\%$	$P = 99\%$
1	12,71	63,66	3,84	6,64
2	4,30	9,92	5,99	9,21
3	3,18	5,84	7,82	11,35
4	2,78	4,60	9,49	13,28
5	2,57	4,03	11,07	15,09
6	2,45	3,71	12,59	16,81
7	2,37	3,50	14,07	18,48
8	2,31	3,36	15,51	20,09
9	2,26	3,25	16,92	21,67
10	2,23	3,17	18,31	23,21
11	2,20	3,11	19,68	24,73
12	2,18	3,06	21,03	26,22
13	2,16	3,01	22,36	27,69
14	2,15	2,98	23,69	29,14
15	2,13	2,95	25,00	30,58
16	2,12	2,92	26,30	32,00
17	2,11	2,90	27,59	33,41
18	2,10	2,88	28,87	34,81
19	2,09	2,86	30,14	36,19
20	2,09	2,85	31,41	37,57
25	2,06	2,79	37,65	44,31
30	2,04	2,75	43,77	50,89
35	2,03	2,72		
40	2,02	2,70		
50	2,01	2,68		

Tabelle 6.1. *Grenzwerte zum Duncan-Test für $P = 95\%$ in Abhängigkeit von der Zahl der Freiheitsgrade n_2 und der Rangordnung p der Meßwerte*
(Tabelle entnommen Duncan)

n_2 \ p	2	3	4	5	6	7	8	9	10	12	14	16	18	20
1	18,0	18,0	18,0	18,0	18,0	18,0	18,0	18,0	18,0	18,0	18,0	18,0	18,0	18,0
2	6,09	6,09	6,09	6,09	6,09	6,09	6,09	6,09	6,09	6,09	6,09	6,09	6,09	6,09
3	4,50	4,50	4,50	4,50	4,50	4,50	4,50	4,50	4,50	4,50	4,50	4,50	4,50	4,50
4	3,93	4,01	4,02	4,02	4,02	4,02	4,02	4,02	4,02	4,02	4,02	4,02	4,02	4,02
5	3,64	3,74	3,79	3,83	3,83	3,83	3,83	3,83	3,83	3,83	3,83	3,83	3,83	3,83
6	3,46	3,58	3,64	3,68	3,68	3,68	3,68	3,68	3,68	3,68	3,68	3,68	3,68	3,68
7	3,35	3,47	3,54	3,58	3,60	3,61	3,61	3,61	3,61	3,61	3,61	3,61	3,61	3,61
8	3,26	3,39	3,47	3,52	3,55	3,56	3,56	3,56	3,56	3,56	3,56	3,56	3,56	3,56
9	3,20	3,34	3,41	3,47	3,50	3,52	3,52	3,52	3,52	3,52	3,52	3,52	3,52	3,52
10	3,15	3,30	3,37	3,43	3,46	3,47	3,47	3,47	3,47	3,47	3,47	3,47	3,47	3,48
11	3,11	3,27	3,35	3,39	3,43	3,44	3,45	3,46	3,46	3,46	3,46	3,46	3,47	3,48
12	3,08	3,23	3,33	3,36	3,40	3,42	3,44	3,44	3,46	3,46	3,46	3,46	3,47	3,48
13	3,06	3,21	3,30	3,35	3,38	3,41	3,42	3,44	3,45	3,45	3,46	3,46	3,47	3,47
14	3,03	3,18	3,27	3,33	3,37	3,39	3,41	3,42	3,44	3,45	3,46	3,46	3,47	3,47
15	3,01	3,16	3,25	3,31	3,36	3,38	3,40	3,42	3,43	3,44	3,45	3,46	3,47	3,47
16	3,00	3,15	3,23	3,30	3,34	3,37	3,39	3,41	3,43	3,44	3,45	3,46	3,47	3,47
17	2,98	3,13	3,22	3,28	3,33	3,36	3,38	3,40	3,42	3,44	3,45	3,46	3,47	3,47
18	2,97	3,12	3,21	3,27	3,32	3,35	3,37	3,39	3,41	3,43	3,45	3,46	3,47	3,47
19	2,96	3,11	3,19	3,26	3,31	3,35	3,37	3,39	3,41	3,43	3,44	3,46	3,47	3,47
20	2,95	3,10	3,18	3,25	3,30	3,34	3,36	3,38	3,40	3,43	3,44	3,46	3,46	3,47
22	2,93	3,08	3,17	3,24	3,29	3,32	3,35	3,37	3,39	3,42	3,44	3,45	3,46	3,47
24	2,92	3,07	3,15	3,22	3,28	3,31	3,34	3,37	3,38	3,41	3,44	3,45	3,46	3,47
26	2,91	3,06	3,14	3,21	3,27	3,30	3,34	3,36	3,38	3,41	3,43	3,45	3,46	3,47
28	2,90	3,04	3,13	3,20	3,26	3,30	3,33	3,35	3,37	3,40	3,43	3,45	3,46	3,47
30	2,89	3,04	3,12	3,20	3,25	3,29	3,32	3,35	3,37	3,40	3,43	3,44	3,46	3,47
40	2,86	3,01	3,10	3,17	3,22	3,27	3,30	3,33	3,35	3,39	3,42	3,44	3,46	3,47
60	2,83	2,98	3,08	3,14	3,20	3,24	3,28	3,31	3,33	3,37	3,40	3,43	3,45	3,47
100	2,80	2,95	3,05	3,12	3,18	3,22	3,26	3,29	3,32	3,36	3,40	3,42	3,45	3,47
∞	2,77	2,92	3,02	3,09	3,15	3,19	3,23	3,26	3,29	3,34	3,38	3,41	3,44	3,47

Tabelle 6.2. *Grenzwerte zum Duncan-Test für* $P = 99\%$ *in Abhängigkeit von der Zahl der Freiheitsgarde* n_2 *und der Rangordnung* p *der Meßwerte*
(Tabelle entnommen DUNCAN)

n_2 \ p	2	3	4	5	6	7	8	9	10	12	14	16	18	20
1	90,0	90,0	90,0	90,0	90,0	90,0	90,0	90,0	90,0	90,0	90,0	90,0	90,0	90,0
2	14,0	14,0	14,0	14,0	14,0	14,0	14,0	14,0	14,0	14,0	14,0	14,0	14,0	14,0
3	8,26	8,5	8,6	8,7	8,8	8,9	8,9	9,0	9,0	9,0	9,1	9,2	9,3	9,3
4	6,51	6,8	6,9	7,0	7,1	7,1	7,2	7,2	7,3	7,3	7,4	7,4	7,5	7,5
5	5,70	5,96	6,11	6,18	6,26	6,33	6,40	6,44	6,5	6,6	6,6	6,7	6,7	6,8
6	5,24	5,51	5,65	5,73	5,81	5,88	5,95	6,00	6,0	6,1	6,2	6,2	6,3	6,3
7	4,95	5,22	5,37	5,45	5,53	5,61	5,69	5,73	5,8	5,8	5,9	5,9	6,0	6,0
8	4,74	5,00	5,14	5,23	5,32	5,40	5,47	5,51	5,5	5,6	5,7	5,7	5,8	5,8
9	4,60	4,86	4,99	5,08	5,17	5,25	5,32	5,36	5,4	5,5	5,5	5,6	5,7	5,7
10	4,48	4,73	4,88	4,96	5,06	5,13	5,20	5,24	5,28	5,36	5,42	5,48	5,54	5,55
11	4,39	4,63	4,77	4,86	4,94	5,01	5,06	5,12	5,15	5,24	5,28	5,34	5,38	5,39
12	4,32	4,55	4,68	4,76	4,84	4,92	4,96	5,02	5,07	5,13	5,17	5,22	5,24	5,26
13	4,26	4,48	4,62	4,69	4,74	4,84	4,88	4,94	4,98	5,04	5,08	5,13	5,14	5,15
14	4,21	4,42	4,55	4,63	4,70	4,78	4,83	4,87	4,91	4,96	5,00	5,04	5,06	5,07
15	4,17	4,37	4,50	4,58	4,64	4,72	4,77	4,81	4,84	4,90	4,94	4,97	4,99	5,00
16	4,13	4,34	4,45	4,54	4,60	4,67	4,72	4,76	4,79	4,84	4,88	4,91	4,93	4,94
17	4,10	4,30	4,41	4,50	4,56	4,63	4,68	4,72	4,75	4,80	4,83	4,86	4,88	4,89
18	4,07	4,27	4,38	4,46	4,53	4,59	4,64	4,68	4,71	4,76	4,79	4,82	4,84	4,85
19	4,05	4,24	4,35	4,43	4,50	4,56	4,61	4,64	4,67	4,72	4,76	4,79	4,81	4,82
20	4,02	4,22	4,33	4,40	4,47	4,53	4,58	4,61	4,65	4,69	4,73	4,76	4,78	4,79
22	3,99	4,17	4,28	4,36	4,42	4,48	4,53	4,57	4,60	4,65	4,68	4,71	4,74	4,75
24	3,96	4,14	4,24	4,33	4,39	4,44	4,49	4,53	4,57	4,62	4,64	4,67	4,70	4,72
26	3,93	4,11	4,21	4,30	4,36	4,41	4,46	4,50	4,53	4,58	4,62	4,65	4,67	4,69
28	3,91	4,08	4,18	4,28	4,34	4,39	4,43	4,47	4,51	4,56	4,60	4,62	4,65	4,67
30	3,89	4,06	4,16	4,22	4,32	4,36	4,41	4,45	4,48	4,54	4,58	4,61	4,63	4,65
40	3,82	3,99	4,10	4,17	4,24	4,30	4,34	4,37	4,41	4,46	4,51	4,54	4,57	4,59
60	3,76	3,92	4,03	4,12	4,17	4,23	4,27	4,31	4,34	4,39	4,44	4,47	4,50	4,53
100	3,71	3,86	3,98	4,06	4,11	4,17	4,21	4,25	4,29	4,35	4,38	4,42	4,45	4,48
∞	3,64	3,80	3,90	3,98	4,04	4,09	4,14	4,17	4,20	4,26	4,31	4,34	4,38	4,41

Tabelle 7. *Quadratzahlen von 1—1000* (Entnommen GRAF-HENNING 1958)

	0	1	2	3	4	5	6	7	8	9
0	0	1	4	9	16	25	36	49	64	81
10	100	121	144	169	196	225	256	289	324	361
20	400	441	484	529	576	625	676	729	784	841
30	900	961	1024	1089	1156	1225	1296	1369	1444	1521
40	1600	1681	1764	1849	1936	2025	2116	2209	2304	2401
50	2500	2601	2704	2809	2916	3025	3136	3249	3364	3481
60	3600	3721	3844	3969	4096	4225	4356	4489	4624	4761
70	4900	5041	5184	5329	5476	5625	5776	5929	6084	6241
80	6400	6561	6724	6889	7056	7225	7396	7569	7744	7921
90	8100	8281	8464	8649	8836	9025	9216	9409	9604	9801
100	10000	10201	10404	10609	10816	11025	11236	11449	11664	11881
110	12100	12321	12544	12769	12996	13225	13456	13689	13924	14161
120	14400	14641	14884	15129	15376	15625	15876	16129	16384	16641
130	16900	17161	17424	17689	17956	18225	18496	18769	19044	19321
140	19600	19881	20164	20449	20736	21025	21316	21609	21904	22201
150	22500	22801	23104	23409	23716	24025	24336	24649	24964	25281
160	25600	25921	26244	26569	26896	27225	27556	27889	28224	28561
170	28900	29241	29584	29929	30276	30625	30976	31329	31684	32041
180	32400	32761	33124	33489	33856	34225	34596	34969	35344	35721
190	36100	36481	36864	37249	37636	38025	38416	38809	39204	39601
200	40000	40401	40804	41209	41616	42025	42436	42849	43264	43681
210	44100	44521	44944	45369	45796	46225	46656	47089	47524	47961
220	48400	48841	49284	49729	50176	50625	51076	51529	51984	52441
230	52900	53361	53824	54289	54756	55225	55696	56169	56644	57121
240	57600	58081	58564	59049	59536	60025	60516	61009	61504	62001
250	62500	63001	63504	64009	64516	65025	65536	66049	66564	67081
260	67600	68121	68644	69169	69696	70225	70756	71289	71824	72361
270	72900	73441	73984	74529	75076	75625	76176	76729	77284	77841
280	78400	78961	79524	80089	80656	81225	81796	82369	82944	83521
290	84100	84681	85264	85849	86436	87025	87616	88209	88804	89401
300	90000	90601	91204	91809	92416	93025	93636	94249	94864	95481
310	96100	96721	97344	97969	98596	99225	99856	100489	101124	101761
320	102400	103041	103684	104329	104976	105625	106276	106929	107584	108241
330	108900	109561	110224	110889	111556	112225	112896	113569	114244	114921
340	115600	116281	116964	117649	118336	119025	119716	120409	121104	121801

Tabelle 7 (Fortsetzung)

	0	1	2	3	4	5	6	7	8	9
350	122500	123201	123904	124609	125316	126025	126736	127449	128164	128881
360	129600	130321	131044	131769	132496	133225	133956	134689	135424	136161
370	136900	137641	138384	139129	139876	140625	141376	142129	142884	143641
380	144400	145161	145924	146689	147456	148225	148996	149769	150544	151321
390	152100	152881	153664	154449	155236	156025	156816	157609	158404	159201
400	160000	160801	161604	162409	163216	164025	164836	165649	166464	167281
410	168100	168921	169744	170569	171396	172225	173056	173889	174724	175561
420	176400	177241	178084	178929	179776	180625	181476	182329	183184	184041
430	184900	185761	186624	187489	188356	189225	190096	190969	191844	192721
440	193600	194481	195364	196249	197136	198025	198916	199809	200704	201601
450	202500	203401	204304	205209	206116	207025	207936	208849	209764	210681
460	211600	212521	213444	214369	215296	216225	217156	218089	219024	219961
470	220900	221841	222784	223729	224676	225625	226576	227529	228484	229441
480	230400	231361	232324	233289	234256	235225	236196	237169	238144	239121
490	240100	241081	242064	243049	244036	245025	246016	247009	248004	249001
500	250000	251001	252004	253009	254016	255025	256036	257049	258064	259081
510	260100	261121	262144	263169	264196	265225	266256	267289	268324	269361
520	270400	271441	272484	273529	274576	275625	276676	277729	278784	279841
530	280900	281961	283024	284089	285156	286225	287296	288369	289444	290521
540	291600	292681	293764	294849	295936	297025	298116	299209	300304	301401
550	302500	303601	304704	305809	306916	308025	309136	310249	311364	312481
560	313600	314721	315844	316969	318096	319225	320356	321489	322624	323761
570	324900	326041	327184	328329	329476	330625	331776	332929	334084	335241
580	336400	337561	338724	339889	341056	342225	343396	344569	345744	346921
590	348100	349281	350464	351649	352836	354025	355216	356409	357604	358801
600	360000	361201	362404	363609	364816	366025	367236	368449	369664	370881
610	372100	373321	374544	375769	376996	378225	379456	380689	381924	383161
620	384400	385641	386884	388129	389376	390625	391876	393129	394384	395641
630	396900	398161	399424	400689	401956	403225	404496	405769	407044	408321
640	409600	410881	412164	413449	414736	416025	417316	418609	419904	421201
650	422500	423801	425104	426409	427716	429025	430336	431649	432964	434281
660	435600	436921	438244	439569	440896	442225	443556	444889	446224	447561
670	448900	450241	451584	452929	454276	455625	456976	458329	459684	461041
680	462400	463671	465124	466489	467856	469225	470596	471969	473344	474721
690	476100	477481	478864	480249	481636	483025	484416	485809	487204	488601

Tabelle 7 (Fortsetzung)

	0	1	2	3	4	5	6	7	8	9
700	490000	491401	492804	494209	495616	497025	498436	499849	501264	502681
710	504100	505521	506944	508369	509796	511225	512656	514089	515524	516961
720	518400	519841	521284	522729	524176	525625	527076	528529	529984	531441
730	532900	534361	535824	537289	538756	540225	541696	543169	544644	546121
740	547600	549081	550564	552049	553536	555025	556516	558009	559504	561001
750	562500	564001	565504	567009	568516	570025	571536	573049	574564	576081
760	577600	579121	580644	582169	583696	585225	586756	588289	589824	591361
770	592900	594441	595984	597529	599076	600625	602176	603729	605284	606841
780	608400	609961	611524	613089	614656	616225	617796	619369	620944	622521
790	624100	625681	627264	628849	630436	632025	633616	635209	636804	638401
800	640000	641601	643204	644809	646416	648025	649636	651249	652864	654481
810	656100	657721	659344	660969	662596	664225	665856	667489	669124	670761
820	672400	674041	675684	677329	678976	680625	682276	683929	685584	687241
830	688900	690561	692224	693889	695556	697225	698896	700569	702244	703921
840	705600	707281	708964	710649	712336	714025	715716	717409	719104	720801
850	722500	724201	725904	727609	729316	731025	732736	734449	736164	737881
860	739600	741321	743044	744769	746496	748225	749956	751689	753424	755161
870	756900	758641	760384	762129	763876	765625	767376	769129	770884	772641
880	774400	776161	777924	779689	781456	783225	784996	786769	788544	790321
890	792100	793881	795664	797449	799236	801025	802816	804609	806404	808201
900	810000	811801	813604	815409	817216	819025	820836	822649	824464	826281
910	828100	829921	831744	833569	835396	837225	839056	840889	842724	844561
920	846400	848241	850084	851929	853776	855625	857476	859329	861184	863041
930	864900	866761	868624	870489	872356	874225	876096	877969	879844	881721
940	883600	885481	887364	889249	891136	893025	894916	896809	898704	900601
950	902500	904401	906304	908209	910116	912025	913936	915849	917764	919681
960	921600	923521	925444	927369	929296	931225	933156	935089	937024	938961
970	940900	942841	944784	946729	948676	950625	952576	954529	956484	958441
980	960400	962361	964324	966289	968256	970225	972196	974169	976144	978121
990	980100	982081	984064	986049	988036	990025	992016	994009	996004	998001

Tabelle 8.1
Standardabweichungen (absolut) bei der Analyse von Magnesiumlegierungen
(Werte sind entnommen Chemical and Spectrochemical Analysis of Magnesium and
its Alloys. Magnesium Electron Ltd., Manchester)

Element	Verfahren	Gehalt (%)	Standard-abweichung (%)
Al	gravimetrisch als Oxinat	0,5	0,005
		8	0,025
	Titration des Oxinates	8	0,035
As	jodometrische Titration	0,01	0,00015
Cu	elektrolytisch	0,05	0,0025
		0,2	0,005
	jodometrische Titration	0,17	0,0015
	photometrisch mit Diäthyldithio-carbaminat	0,02	0,0005
Fe	photometrisch mit Thioglykolsäure	0,005	0,0001
K	flammenphotometrisch	0,005	0,00015
Mn	Titration des Permanganats mit Mohrschem Salz	1	0,01
	photometrisch als Permanganat	0,005	0,0005
		0,25	0,004
		1,3	0,01
Na	flammenphotometrisch	0,05	0,0025
Ni	photometrisch als Nickeldiacetyl-dioxim	0,005	0,0001
P	photometrisch als Phosphormolybdän-blau	0,01	0,0005
Si	gravimetrisch	0,2	0,0065
	photometrisch durch Molybdänblau	0,15	0,0002
		0,5	0,007
Th	photometrisch mit Thorin	2	0,09
Zn	potentiometrisch	5	0,022
	titrimetrisch (Indicator Diphenylbenzidin)	2	0,01
	photometrisch (Dithizon)	0,02	0,001
		1	0,01
Zr	gravimetrisch als Zirkoniumdioxid	0,5	0,01
		40	0,1
	photometrisch mit Alizarin S	0,5	0,008

Tabelle 8.2. *Standardabweichungen (absolut) bei der Analyse von Roheisen, Stählen und Ferrolegierungen nach „Methoden des Handbuchs für das Eisenhüttenlaboratorium"*
(Die Werte sind nach den dort niedergelegten Angaben berechnet)

Element	Roheisen und Stahl		Ferrolegierungen	
	Gehalt (%)	Standardabweichung (%)	Gehalt (%)	Standardabweichung (%)
C (gasvolumetrisch)	0,1	0,004	0,1	0,004
	0,3	0,005	0,3	0,005
	1	0,010	1,0	0,010
	3	0,023	3	0,023
C (halbmikrochemisch)	0,01	0,0021	0,01	0,0021
	0,03	0,0024	0,03	0,0024
	0,1	0,0033	0,1	0,0033
	0,3	0,0060	0,3	0,0060
C (elektrometrisch)	0,01	0,0007	0,01	0,0007
	0,03	0,0013	0,03	0,0013
	0,1	0,0037	0,1	0,0037
	0,3	0,010	0,3	0,010
Si	0,1	0,0077	1	0,017*
	0,3	0,0097	3	0,037*
	1	0,017	10	0,076
	3	0,037	20	0,087
			50	0,12
			80	0,17
Mn	0,1	0,0070	1	0,068
	0,3	0,0077	3	0,071
	1	0,010	10	0,080
	3	0,017	20	0,09
	10	0,040	50	0,13
			80	0,17
P	0,01	0,0011	0,3	0,007*
	0,03	0,0012	1	0,009*
	0,1	0,0017		
	0,3	0,0030		
	1	0,0077		
S	0,01	0,0011		
	0,03	0,0013		
	0,1	0,0020		
	0,3	0,0040		
Al	0,01	0,0015	0,1	0,008**
	0,03	0,0017	0,3	0,009**
	0,1	0,0027		
	0,3	0,0053		
	1	0,015		

Tabelle 8.2 (Fortsetzung)

Element	Roheisen und Stahl		Ferrolegierungen	
	Gehalt (%)	Standardabweichung (%)	Gehalt (%)	Standardabweichung (%)
Ca			10	0,08
			20	0,12
			50	0,22
Co	0,1	0,014		
	0,3	0,015		
	1	0,020		
	3	0,033		
Cr	0,1	0,007	20	0,08
	0,3	0,008	50	0,10
	1	0,010	80	0,12
	3	0,017		
	10	0,040		
	20	0,07		
Cu	0,03	0,0036		
	0,1	0,0043		
	0,3	0,0063		
	1	0,013		
	3	0,033		
Mo	0,3	0,018	20	0,09
	1	0,037	50	0,13
	3	0,090	80	0,17
Ni	0,1	0,005		
	0,3	0,006		
	1	0,008		
	3	0,015		
	10	0,038		
	20	0,071		
Ti	0,1	0,008	10	0,08
	0,3	0,010	20	0,10
	1	0,017	50	0,12
V	0,1	0,008	20	0,08
	0,3	0,010	50	0,10
	1	0,017	80	0,12
	3	0,037		
W	0,1	0,034	20	0,10
	0,3	0,035	50	0,15
	1	0,040	80	0,20
	3	0,043		
	10	0,067		
	20	0,10		

* Werte gelten für Ferromangan.
** Werte gelten für Siliciumlegierungen.

Tabelle 8.3. *Standardabweichungen bei der Analyse von Erzen, Schlacken und feuerfesten Materialien*

(Die eingeklammerten Standardabweichungen gelten für feuerfeste Stoffe. Werte sind berechnet nach den im Handbuch für das Eisenhüttenlaboratorium, Band 4, niedergelegtenborgaben)

Bestimmung von	Gehalt ($\%$)	Standardabweichung ($\%$)	
Al_2O_3	10	0,060	(0,060)
	20	0,087	(0,09)
	50		(0,17)
CO_2	1	0,037	
	3	0,043	
	10	0,067	
	20	0,100	
	50	0,200	
CaO	10	0,073	
	20	0,080	
	50	0,100	
Fe	0,3	0,033	
	1	0,034	
	3	0,035	
	10	0,038	
	20	0,043	
	50	0,058	
	100	0,133	
Mn	0,3	0,034	
	1	0,035	
	3	0,037	
	10	0,047	
	20	0,060	
	50	0,100	
P	0,1	0,007	
	0,3	0,010	
	1	0,022	
S	0,1	0,004	
	0,3	0,005	
	1	0,010	
SiO_2	0,3	0,034	
	1	0,037	
	3	0,043	
	10	0,067	
	20	0,100	(0,08)
	50	0,200	(0,10)
	100		(0,13)
V	1	0,04	
	3	0,05	

Literatur

AGTERDENBOS, J.: Über die genaue Berücksichtigung des Blindwertes bei colorimetrischen Bestimmungen. Z. analyt. Chem. **157**, 161 (1957 A). — Veränderung des optimalen Extinktionsgebietes photoelektrischer colorimetrischer Bestimmungen. Z. analyt. Chem. **157**, 403 (1957 B). — AHRENS, L. H.: Quantitative spektrochemische Analyse von Silicaten. Pergamon Press, London 1954 (A). — Die logarithmische Normalverteilung der Elemente. Geochim. Cosmochim. Acta **5**, 49 (1954 B). — Analyse der Metalle, Teil 3 (Probenahme). Berlin, Göttingen, Heidelberg: Springer 1952.

BABKO, A. K.: Über Richtigkeit und Reproduzierbarkeit einer chemischen Analyse. Zavodskaja Laborat. **21**, 269 (1955). — BÄCKSTRÖM, H.: Über die Dezimalgleichung beim Ablesen von Skalen. Z. Instr.-Kde. **50**, 561, 609, 665 (1930). — BAULE, B., u. A. BENEDETTI-PICHLER: Zur Probenahme aus körnigen Materialen. Z. analyt. Chem. **74**, 442 (1928). — BENNETT, C. A., u. N. L. FRANKLIN: Statistische Analyse in Chemie und chemischer Industrie. Verlag Wiley, Chapman and Hall, New York 1954.

CHAYES, F.: Zur Verteidigung der zweiten Dezimalen. Amer. Min. **38**, 784 (1953). — Chemische und spektrochemische Analyse von Magnesium und seinen Legierungen. Magnesium Electron Ltd., Manchester. — CHOU, CHAN-HUI: Die Methode der kleinsten Quadrate. Ind. Engng. Chem. **50**, 799 (1958).

DAEVES, K., u. A. BECKEL: Großzahlmethodik und Häufigkeitsanalyse. Verlag Chemie, Weinheim 1958. — DALZIEL, K.: Die Genauigkeit der Analyse mittels photoelektrischer Spektralphotometrie. Biochemic. J. **55**, 90 (1953). — DEAN, R. B., u. W. J. DIXON: Vereinfachte Statistik für eine kleine Zahl von Beobachtungen. Analyt. Chemistry **23**, 636 (1951). — DOERFFEL, K.: Fehlerrechnung in der analytischen Chemie. Z. analyt. Chem. **157**, 195 (1957 A). — Fehlerrechnung in der analytischen Chemie. Z. analyt. Chem. **157**, 241 (1957 B). — Fehlerrechnung und Statistik in der analytischen Chemie. III. Auswerten und Planen von Gemeinschaftsversuchen. Z. analyt. Chem. **184**, 81 (1961). — Anwendung der Statistik in der analytischen Chemie. Chem. Techn. **11**, 579 (1959); vgl. Z. analyt. Chem. **176**, 122 (1960). — DOERFFEL, L., u. F. LEUTWEIN: Vergleichende Untersuchungen zur Spektralanalyse mit dem Impulsfunkenerzeuger. Experimentelle Techn. d. Physik **1**, 180 (1952). — DUNCAN, D. B.: Multiple Range- und multiple F-Tests. Biometrics **11**, 1 (1955).

EBERT, H.: Vom Fehler und seiner Bedeutung. Z. Instr.-Kde. **65**, 14 (1957). — EHRENBERG, B.: Zur statistisch-graphischen Auswertung von Analysenkontrollproben. Erzmetall **9**, 532 (1956).

FAIRBAIRN, H. W.: Reproduzierbarkeit und Richtigkeit chemischer Silicatanalysen. Geochim. Cosmochim. Acta **4**, 143 (1953). — FISCHER, J., u. U. LIEBSCHER: Arbeitshilfen für die statistische Qualitätskontrolle. Technik **14**, 463 (1959). — FRESENIUS, L.: Genauigkeitsgrenzen und Bedeutung der Probenahme in der chemischen Analyse. Metall u. Erz **25**, 394 (1928). — FUCHS, P.: Einheitliche Gestaltung indirekter Analysen nach typischen Grundformen. Angew. Chem. **54**, 512 (1941).

GADDUM, J. H.: Logarithmische Normalverteilungen. Nature **156**, 463 (1945). — GÄUMANN, T., J. HOINÉ u. Hs. H. GÜNTHARD: Hochfrequenztitration. Helv. chim. Acta **XLII**, 426 (1959); vgl. Z. analyt. Chem. **172**, 369 (1960). — GEYER, R., u. K. DOERFFEL: Maßanalytische Sulfatbestimmung in Wässern. Z. analyt. Chem. **158**, 419 (1957). — GOTTSCHALK, G., u. P. DEHMEL: Statistik in der chemischen Analyse. Z. analyt. Chem. **163**, 81, 161, 273, 330 (1958). — GOULD, J.: Statistische Bewertung laboratoriumsmäßiger Kohleuntersuchungen und der Probenahmemethoden. Amer. Inst.

Mining Metallurgy Eng. Techn. Publ. **849**, 24 (1937). — Graf, U., u. H. J. Henning: Zum Ausreißerproblem. Mitteilungsbl. math. Stat. **4**, 1 (1952 A). — Mathematisch-statistische Grundlagen bei der Probenahme von Erzen, Metallen und Rückständen. Erzmetall **5**, 127 (1952 B). — Statistische Methoden bei textilen Untersuchungen. Berlin, Göttingen, Heidelberg: Springer 1957. — Formeln und Tabellen der mathematischen Statistik. Berlin, Göttingen, Heidelberg: Springer 1958. — Grüss, G.: Differential- und Integralrechnung. Akad. Verlagsgesellsch. Leipzig, 1953. — Gy, P.: Probenahmediagramm. Erzmetall **9**, 237 (1956). — Gysel, H.: Unbewußte individuelle Schätzungsanomalien beim Wägen und ihre Auswirkungen auf die Genauigkeit von Mikroanalysen. Mikrochim. Acta (Wien) **3**, 266 (1953); vgl. Z. analyt. Chem. **149**, 199 (1956). — Unbewußte und bewußte Schätzungsanomalien beim Wägen und ihre Auswirkungen auf die Genauigkeit von Mikroanalysen. Mikrochim. Acta (Wien) **1956**, 577; vgl. Z. analyt. Chem. **153**, 120 (1956).

Hahn, F. L.: Der Fehler des Umschlagtropfens in der Maßanalyse. Z. analyt. Chem. **167**, 321 (1959). — Handbuch für das Eisenhüttenlaboratorium. Berlin, Göttingen, Heidelberg: Springer 1955. — Hale, W. T.: Statistische Betrachtungen zur Probenahme. Iron and Coal Trades Review **CLV**, 55 (1947). — Henning, H. J., u. R. Wartmann: Statistische Auswertung im Wahrscheinlichkeitsnetz. Kleiner Stichprobenumfang und Zufallsstreuung. Z. f. ges. Textilind. **60**, 19 (1958). — Herfurth, G.: Zur Aufdeckung systematischer Fehler. Technik **13**, 684 (1958). — Zur Fehlerfortpflanzung von Größtfehlern. Technik **14**, 536 (1959). — Hiskey, C. F., u. J. G. Young: Der Fehler spektrophotometrischer Analysen. Analyt. Chemistry **23**, 1196 (1951); vgl. Z. analyt. Chem. **136**, 37 (1952). — Hultzsch, E.: Ein Wahrscheinlichkeitsnetz für graphischen Fehlerausgleich. Feingerätetechnik **4**, 107 (1955).

Jahns, H.: Die Brauchbarkeit mathematischer Verfahren bei der Probenahme nach der Ausschaltung einseitiger Fehler. Arch. Eisenhüttenwes. **24**, 21 (1953). — Jakob, J.: Gesteinsanalyse. Verlag Birkhäuser, Basel. — Jakowlew, K. P.: Mathematische Auswertung von Meßergebnissen. VEB Verlag Technik, Berlin 1952. — de Jong, E. B. M.: Einige Bemerkungen über den Gebrauch von Meß-instrumenten. Chem. Weekblad **1954**, 231.

Kaiser, H.: Grundriß der Fehlertheorie. Z. techn. Physik **17**, 219 (1936).— Methodische Bemerkungen zur quantitativen Spektralanalyse. Metallwirtsch. **16**, 301 (1937). — Kaiser, H., u. H. Specker: Bewertungen und Vergleich von Analysenverfahren. Z. analyt. Chem. **149**, 46 (1956). — Kienitz, H.: Auswertung und Fehlerkritik bei physikalischen Analysen. Z. analyt. Chem. **164**, 80 (1958). — Kirsten, W.: Über die Richtigkeit mikroanalytischer organischer Analysenmethoden. Anal. chim. Acta (Amsterdam) **5**, 489 (1951); vgl. Z. analyt. Chem. **138**, 117 (1953). — Klein, H.: Grundlagen moderner statistischer Auswerteverfahren mit Bezug auf die Probenahme. Arch. Eisenhüttenwes. **24**, 11 (1953). — Köhler, A., u. B. Wieden: Kritische Beurteilung von Gesteinsanalysen. Tschermaks min. u. petr. Mitt. (3) **4**, 430 (1954). — Körwin, H.: Graphisches Rechnen. Fachbuchverlag, Leipzig 1949. — Kolthoff, J. M., u. V. A. Stenger: Maßanalyse. Intersci. Publ. Comp., New York 1942. — Kortüm, G.: Colorimetrie, Photometrie und Spektrometrie. Berlin, Göttingen, Heidelberg: Springer 1955. — Küster, F., A. Thiel u. A. Fischbeck: Logarithmische Rechentafeln für Chemiker, Pharmazeuten, Mediziner und Physiker. W. de Gruyter & Co., Berlin 1955.

Lafitte, P.: Studie über die Genauigkeit von Gesteinsanalysen. Bull. Soc. Géol. France **1954**, 273. — Lark, P. D.: Anwendung statistischer Methoden auf Ergebnisse der chemischen Analyse. Analyt. Chemistry **26**, 1712 (1954); vgl. Z. analyt. Chem. **148**, 144 (1954/55). — Lassieur, P. A.: Die Fehler in der chemischen Analyse. Chem. analytique **30**, 197, 220, 254 (1948). — Leutwein, F., u. A. G. Hermann:

Kristallchemische und geochemische Untersuchungen über Vorkommen und Verteilung des Wismuts im Bleiglanz der kb-Formation des Freiberger Gangreviers. Geologie **3**, 1039 (1954). — LINDER, A.: Statistische Methoden für Naturwissenschaftler, Mediziner und Ingenieure. Verlag Birkhäuser, Basel 1951. — Planen und Auswerten von Versuchen. Verlag Birkhäuser, Basel 1953. — LINDER, L., u. F. HASLWANTER: Der Nachlauffehler bei Büretten. Angew. Chem. **42**, 821 (1949). — LINNIG, F., J. MANDEL u. J. M. PETERSON: Prüfung von Analysenergebnissen auf statistischer Grundlage. Analyt. Chemistry **26**, 1102 (1954); vgl. Z. analyt. Chem. **146**, 450 (1955). — LORENZ, P.: Anschauungsunterricht in mathematischer Statistik. Hirzel, Leipzig 1955. — LUNDELL, G. E. F.: Die chemische Analyse von Dingen, wie sie wirklich sind. Ind. Engng. Chem., analyt. Edit. **5**, 221 (1933); vgl. Z. analyt. Chem. **101** 283 (1935).

MANDEL, J., u. F. LINNIG: Richtigkeitsuntersuchung von Analysenergebnissen mit Hilfe linearer Eichkurven. Analyt. Chemistry **29**, 743 (1957). — MATTHIAS, R. H.: Der Gebrauch unterteilter Proben zur Laboratoriumskontrolle. Analyt. Chemistry **29**, 1046 (1957); vgl. Z. analyt. Chem. **162**, 199 (1958). — MAURICE, M. J., u. B. G. WIGGERS: Über den Genauigkeitsvergleich zweier Analysenmethoden. Z. analyt. Chem. **168**, 335 (1959). — McCOLL, H. G.: Die statistische Richtigkeitskontrolle von Routineanalysen. Chem. and Ind. **1944**, 418. — MITCHELL, J. A.: Reproduzierbarkeits- und Richtigkeitskontrolle industrieller Proben und Analysen. Analyt. Chemistry **19**, 961 (1947). — MORAN, R. F.: Reproduzierbarkeitsbestimmung analytischer Kontrollmethoden. Ind. Engng. Chem., analyt. Edit. **15**, 361 (1943).

NALIMOW, W. W.: Über den systematischen und zufälligen Fehler chemischer Analysen. Ž. anal. Chim. (UdSSR) **11**, 341 (1956); vgl. Z. analyt. Chem. **155**, 42 (1957).

OTTOLINI, A. C.: Die spektrographische Bestimmung von Magnesium in Gußeisen, eine statistische Studie. Analyt. Chemistry **31**, 447 (1959); vgl. Z. analyt. Chem. **172**, 390 (1960).

POVONRA, P.: Bewertungsgrundsätze für chemische Gesamtanalysen von Erzen. Rudy **3**, 187 (1955).

REITZ, I. K., A. S. O'BRIEN u. T. L. DAVIES: Vergleich dreier Methoden zur Eisenbestimmung durch ein Faktorenexperiment. Analyt. Chemistry **22**, 1470 (1950); vgl. Z. analyt. Chem. **135**, 443 (1952) — ROBINSON, D. Z.: Quantitative Analyse mit Infrarotspektralphotometern. Analyt. Chemistry **23**, 273 (1951); vgl. Z. analyt. Chem. **136**, 354 (1952).

SCHAAFSMA, A. H., u. F. G. WILLEMZE: Moderne Qualitätskontrolle. Philips Techn. Bibl. 1955. — SCHAJEWITSCH, A. W.: Methodische Untersuchungen an Eichproben zur Spektralanalyse. Zavodskaja Laborat. **21**, 332 (1955). — SCHELINSKY, S.: Vorschlag für ein Nomogramm zur Auswertung flammenphotometrischer Messungen. Silikattechn. **7**, 57 (1956). — SCHLECHT, H.: Der Zufallsfehler einer chemischen Analyse. Contributions to geochemistry. Geol. Survey Bull. 992. — SIEMON, W., G. H. LYSSY, P. F. SOMMER u. D. WEGMANN: Elektrodengläser mit Zusatz von Germaniumdioxid. Helv. chim. Acta **XLII**, 1581 (1959). — SIPPEL, A.: Ein besonders schnelles Ersatzverfahren für den linearen Ausgleich bei sehr zahlreichen Wertepaaren unterschiedlicher Zuverlässigkeit. Angew. Chem. **64**, 480 (1952). — STEVENS, S.: Über das Mitteln von Werten. Science **121**, 113 (1956). — STRAUCH, H.: Statistische Güteüberwachung. Carl Hauser-Verlag, München 1956.

TUKEY, J. W.: Über die Wichtigkeit von Mehrfachbestimmungen. Analyt. Chemistry **19**, 957 (1947).

WEBER, E.: Grundriß der biologischen Statistik. VEB Gustav-Fischer-Verlag, Jena 1957. — Forschen und Wirken, Festschrift zur 150-Jahrfeier der Humboldt-Universität Berlin, Bd. II, 45 (1960). — WERNIMONT, G.: Entwurf und Auswertung von Prüfmethoden zwischen verschiedenen Laboratorien. Analyt. Chemistry **23**, 1572 (1951). — WILLERS, F. A.: Mathematische Maschinen und Instrumente. Akademie-Verlag, Berlin 1951. — WOOD, E. C.: Statistische Auswertung von Analysenergebnissen. Analyt. chim. Acta (Amsterdam) **2**, 441 (1948); vgl. Z. analyt. Chem. **131**, 208 (1950).

YOUDEN, W. J.: Technik zur Richtigkeitsprüfung von Analysenergebnissen. Analyt. Chemistry **19**, 946 (1947). — Statistische Methoden für Chemiker. Verlag J. Wiley & Sons, New York 1951.

ZÖLLNER, H.: Die Genauigkeit gemessener Werte und die Gaußsche Fehlerberechnung. Ber. d. dt. keram. Ges. **28**, 492 (1951).

In der „Analytical Chemistry" erscheinen periodisch zusammenfassende Übersichten über alle veröffentlichten Arbeiten auf dem Gebiet der Statistik, die für Analytiker von Interesse sind. Bisher erschienen folgende Zusammenfassungen:

NELSON. B. J.: Statistische Methoden in der Chemie. Analyt. Chemistry **32**, 161 R (1960). — MANDEL, J., u. F. J. LINNIG: Statistische Methoden in der Chemie. Analyt. Chemistry **28**, 53 (1956); **30**, 739 (1958). — HADER, R. J., u. W. J. YOUDEN: Experimentelle Statistik. Analyt. Chemistry **24**, 120 (1952). — WERNIMONT, G.: Anwendung der Statistik in der Analyse. Analyt. Chemistry **21**, 115 (1949).